PERLITGUSS

EINE SAMMLUNG EINSCHLÄGIGER ARBEITEN

IM AUFTRAGE DER

STUDIENGESELLSCHAFT FÜR VEREDELUNG
VON GUSSEISEN G. M. B. H.

HERAUSGEGEBEN VON

DIPL.-ING. **G. MEYERSBERG**

MIT 92 TEXTABBILDUNGEN

BERLIN
VERLAG VON JULIUS SPRINGER
1927

ISBN-13: 978-3-642-47240-4 e-ISBN-13: 978-3-642-47622-8
DOI: 10.1007/ 978-3-642-47622-8

Vorwort.

Das rasche Anwachsen des Schrifttums über Perlitguß und der Umstand, daß die Arbeiten darüber nur in verschiedenen Zeitschriften zerstreut zu finden sind, haben den Gedanken nahegelegt, eine Sammlung erschienener Arbeiten herauszugeben, aus der eine Übersicht des heutigen Standes gewonnen werden kann. In erster Linie wurden die grundlegenden Veröffentlichungen aufgenommen, durch die seinerzeit die Fachwelt mit der Erfindung des Perlitgusses bekanntgemacht worden war. Bei der Auswahl der übrigen Arbeiten war der Gesichtspunkt maßgebend, ein möglichst abgerundetes Bild des ganzen Gebietes zu geben. Kürzungen der Originalarbeiten wurden vorgenommen, um Wiederholungen zu vermeiden, sowie in den Fällen, wo auch andere, nicht zum Gegenstand der Sammlung gehörige oder für diesen weniger wesentliche Gegenstände behandelt waren.

Wir hoffen, durch die vorliegende Zusammenfassung dem an Werkstofffragen interessierten Ingenieur, besonders auch dem Konstrukteur, die Möglichkeit schneller Unterrichtung über das in lebhafter Weiterentwicklung befindliche Arbeitsgebiet geboten und zur Anregung dieser Weiterentwicklung selbst beigetragen zu haben.

Herzlicher Dank sei den Autoren ausgesprochen für die bereitwillige Überlassung ihrer Arbeiten und Herrn Ing. Hans Th. Meyer (Mannheim) für seine werktätige Unterstützung.

Berlin-Grunewald, Oktober 1927.

Studiengesellschaft für Veredelung von Gußeisen G. m. b. H. **Meyersberg.**

Inhaltsverzeichnis.

Einleitung.

Am 26. August 1920 brachte die Zeitschrift „Stahl und Eisen" eine kurze Mitteilung von Karl Sipp unter der Aufschrift „Perlitguß"[1]. Sie machte auf ein neues, in der Gießerei von Heinrich Lanz in Mannheim ausgearbeitetes Verfahren aufmerksam, Gußeisen durch geeignete Gattierung und dieser angemessenen Regelung der Abkühlungsgeschwindigkeit in seinen Eigenschaften zu verbessern. Die erreichte Biegefestigkeit, an Probestäben von 30 mm Durchmesser bei 600 mm Stützweite gemessen, war mit 51 kg je mm² bei 12,5 mm Durchbiegung angegeben. Als besonders bemerkenswert war hervorgehoben, daß die Gußstücke trotz der hohen Festigkeit leicht bearbeitbar waren, und die Härte nur 176 Brinelleinheiten erreichte. Der Fortschritt gegenüber dem damaligen Stande der Technik ergibt sich deutlich, wenn in Betracht gezogen wird, daß noch das „Gießereihandbuch" 1922[2] als mittleren Gebrauchswert der Biegefestigkeit für die beste Gußeisensorte („Spezialguß mit Anforderungen, drehhart mit Holzkohle") 35 kg je mm² nennt. Die neue Stoffart hatte sich bereits in praktischer Anwendung bewährt und außer der hohen Festigkeit noch andere wichtige Vorzüge gezeigt, z. B. große Widerstandsfähigkeit gegen Abnützung durch Reibung, bewiesen durch Kolbenringe, die bei Ausführung in Perlitguß zehnmal so lange gebrauchsfähig geblieben waren als bei Ausführung in Grauguß.

Die kurze Veröffentlichung fand zunächst kaum Beachtung. Ein Erfolg zeigte sich nur insofern, als eine bedeutende Maschinenfabrik, von den bisherigen Baustoffen für Verpuffungsmotoren nicht befriedigt, auf das neue Verfahren aufmerksam wurde und Versuchsstücke bei Heinrich Lanz bestellte. Das Ergebnis war, daß sie zum Perlitguß überging und ihm seitdem dauernd treu geblieben ist.

Das Interesse weiterer Kreise der Fachwelt wurde erst erweckt, als die „Mitteilungen aus dem Materialprüfungsamt zu Berlin-Dahlem" Ende 1922 eine Arbeit von Prof. Dr. O. Bauer[3] brachten, die sich in eingehender Weise mit dem Perlitguß beschäftigte. Sie behandelt seine Eigenschaften und Aussichten mit voller Ausführlichkeit. Darüber hinausgehend würdigt sie die große grundsätzliche Bedeutung der Erfindung, indem sie darauf hinweist, daß das Ergebnis auf einem neuen Wege, durch bewußte Beeinflussung des Gefügeaufbaus, gewonnen worden ist. Wie im Schlußwort der Arbeit hervorgehoben wird, ist damit gegenüber den beiden früheren Entwicklungsstufen, der Be-

[1] Auf S. 4 zum Abdruck gebracht.

[2] Gießereihandbuch, herausgegeben vom Verein Deutscher Eisengießereien, S. 103, München und Berlin: Oldenbourg 1922.

[3] Auf S. 5 zum Abdruck gebracht.

urteilung nach dem Bruchaussehen und nach der chemischen Analyse, eine dritte Stufe erreicht, die sich auf die Untersuchung der Mikrostruktur stützt und deren Ergebnisse planmäßig verwertet.

Diese Mikrostruktur ist beim „Perlitgußeisen" gekennzeichnet durch das vollständige Vorherrschen des als „Perlit" bekannten Gefügebestandteils mit mäßiger Beifügung von Graphit. Zur planmäßigen Erreichung dieses Zustandes ist die Gattierung und ihr entsprechend die Abkühlung einzustellen, beide entsprechend dem Anwendungsgebiet, für das das Gußstück bestimmt ist. Die Abkühlung kann beeinflußt werden durch Nachbehandlung der Form, durch Überhitzung der Schmelze (300^0 und mehr über der Erstarrungstemperatur) oder Vorerwärmen der Gußform.

Nach Erscheinen der erwähnten Arbeit und nach einem Vortrage, den Sipp gelegentlich der Hauptversammlung des Vereins Deutscher Eisengießereien in Hamburg 1923[1] hielt, begann sich die Anwendung des Verfahrens auszubreiten. An eine Reihe von Gießereien wurden Lizenzen abgegeben. Heute wird das Verfahren, außer von Heinrich Lanz A.-G. selbst, von einer Reihe deutscher Firmen angewendet, die sich zu der „Studiengesellschaft für Veredelung von Gußeisen" zusammengeschlossen haben. In England besteht die „Perlit Iron Co." mit fünf großen englischen Gießereibetrieben. Außerdem bestehen Lizenznehmer im Saargebiet, in Frankreich, Italien, Dänemark, Schweden, Tschecho-Slowakei, Amerika und Japan.

Auf den folgenden Blättern wird eine Sammlung von Arbeiten gebracht, die sich auf Perlitguß und damit in Berührung stehende Gebiete beziehen und in ihrer Gesamtheit ein Übersichtsbild des gegenwärtigen Standes der Perlitgußtechnik geben sollen. Die Arbeiten sind großenteils bereits an anderen Orten, vor allem in Fachzeitschriften, erschienen. Um Wiederholungen zu vermeiden, waren an verschiedenen Stellen Kürzungen und wieder an anderen Stellen Ergänzungen notwendig, worauf in Fußnoten hingewiesen ist.

Der Inhalt ist in drei Reihen gruppiert, von denen die erste Arbeiten enthält, die sich mit Perlitguß im allgemeinen beschäftigen. Die zweite Reihe hat die Anwendungen zum Gegenstande, die er in der industriellen Praxis gefunden hat, während in der dritten Arbeiten wissenschaftlicher Natur zusammengefaßt sind, die einzelne Eigenschaften des Perlitgusses einem besonderen Studium unterwerfen.

An die Spitze der ersten Reihe gestellt ist die schon erwähnte erste kurze Veröffentlichung Sipps aus „Stahl und Eisen" 1920. Ihr folgt die ebenfalls bereits genannte grundlegende Bauersche Arbeit aus den „Mitteilungen des Materialprüfungsamts Berlin-Dahlem" vom Jahre 1922. Daran schließt sich der Sippsche Vortrag vor dem Hauptausschuß für das Gießereiwesen in Hamburg 1923 und die daran geknüpfte Diskussion. Die Reihe wird vervollständigt durch Ausschnitte aus der englischen (A. E. McRae Smith) und französischen Literatur (Buffet und Roeder).

---

[1] Auf S. 18 zum Abdruck gebracht.

Die zweite Reihe enthält außer einer Arbeit von Meyersberg über „Anwendungen des Perlitgusses“ eine Steinmüllersche Veröffentlichung über „Rauchgasvorwärmer“ und eine kleine Mitteilung von Meyersberg über „Perlitguß in der Wärmetechnik“, die in den VDI-Nachrichten Ende 1926 erschien. Sie bringt einen Hinweis auf Verfälschungen des Perlitgußmaterials und des Perlitgußbegriffs, wofür leider noch weitere Beispiele aus der Praxis beigebracht werden könnten.

Die dritte Reihe wird eröffnet durch die gekürzte Wiedergabe einer umfangreichen Arbeit von Lehmann über die „Abnützung von Gußeisen“. Daran schließt sich die Untersuchung von Sipp und Roll über das „Wachsen von Gußeisen“, enthaltend gleichzeitig eine Übersicht über die bis Anfang 1927 zu diesem Gegenstand erschienene Literatur, einen Aufsatz von Roll über „Die Dichte des Perlitgusses“ und die Zusammenfassung der Ergebnisse einer Arbeit von Pinsl über „Die elektrische Leitfähigkeit des Gußeisens“.

Der Anhang bringt eine Literaturübersicht, dann die wörtliche Wiedergabe der drei grundlegenden deutschen Reichspatente über Perlitguß und schließlich einen Abdruck der beiden ersten Merkblätter der Studiengesellschaft für Veredelung von Gußeisen. Die weiteren bisher aufgestellten Merkblätter konnten nicht aufgenommen werden, da sie sich noch im Erprobungsstadium befinden.

Unfertiges sollte aus der Sammlung ausgeschlossen bleiben. Es ist daher von einzelnen Eigenschaften des Perlitgusses, die vielleicht in Zukunft größere Bedeutung erlangen werden, nicht die Rede, so z. B. von seinem Verhalten gegenüber Säuren und Laugen, sowie von seinen magnetischen Eigenschaften, Gebiete, deren Bearbeitung erst in den Anfängen steht.

Erste Reihe.

Perlitgußeisen[1].

Erste Mitteilung (1920).

Von Karl Sipp, Mannheim.

Einen wichtigen Fortschritt auf dem Gebiete des Gießereiwesens stellt ein zur Erzeugung von hochwertigem Gußeisen durch D. R. P. und Auslandspatente geschütztes Verfahren dar. Der Erfinder machte die Beobachtung, daß gleitender Reibung ausgesetzte Maschinenteile um so geringeren Verschleiß aufwiesen, je vollkommener sich das Gefüge dem Perlit-Graphit-Zustand unter Fernhaltung des Ferrits näherte. Versuche, derartiges Gefüge planmäßig zu erzeugen, führten zu der Erkenntnis, daß zur Erreichung des Zieles eine Gattierung mit geringem Anreiz zur Graphitbildung Voraussetzung ist, wobei die Erstarrung in einer dem Stückquerschnitt angemessenen Zeit zu erfolgen hat. Es ist somit möglich, mit derselben Gattierung alle Querschnitte mit dem gleichen Enderfolg zu vergießen, wenn die Erstarrungszeiten entsprechend geregelt werden. Die Regelung des Erstarrungsvorganges gestaltet sich nun in der Praxis sehr einfach. Es genügt, die Formen in vorgewärmtem Zustande von je nach Querschnitt wechselnder Temperatur zu vergießen oder aber Formkasten zu verwenden, bei denen die eigentliche Form aus dünner Umhüllung, z. B. Ölsandmasse, besteht, die gegen Wärmeabströmung durch Lufträume oder ähnliche Mittel isoliert ist. Das flüssige Eisen wird alsdann mit entsprechend höherer Temperatur eingegossen, die Formwände können sich vor der Erstarrung anwärmen, und die Erstarrung geht entsprechend langsam vor sich. Wird z. B. das Eisen mit 1400° eingegossen, so können sich die Formwände je nach Masse auf 200 bis 300° anwärmen, ehe die Erstarrung einsetzt. Dieses Verfahren eignet sich besonders für einfachere Teile, wie Büchsen, Kolbenringe, Lager u. dgl., während die vorausgehende Anwärmung der Form mehr für schwieriger gestaltete Stücke, Zylinder, Gehäuse u. dgl., in Betracht kommt.

Als Schmelzeinrichtung kann der Kuppelofen benutzt werden, wenn nicht aus anderen Gründen eine andere Ofenart Anwendung finden soll.

Zur Ausübung des Verfahrens können demnach die gewöhnlichen Gießereieinrichtungen, Kuppelofen und Trockenkammer, dienen, ebenso sind die zur Verwendung kommenden Rohstoffe solche, wie sie im Gießereibetrieb üblich sind.

---

[1] Abgedruckt aus „Stahl und Eisen" 1920, S. 1141 mit Weglassung des dort gebrachten letzten Absatzes und des Schliffbildes.

Die bis jetzt mit dem Verfahren in der Praxis erzielten Ergebnisse lassen außerordentlich weitreichende Anwendungsmöglichkeiten erkennen; es scheint dazu bestimmt zu sein, im Gießereiwesen umwälzend zu wirken. Es seien hier einige Wertziffern, die mit 30-mm-Probestäben aus Perlitguß erzielt worden sind, mitgeteilt:

Biegefestigkeit 51 kg/mm^2,
Durchbiegung 12,5 mm,
Brinellhärte 176.

Kolbenringe aus Perlitguß verhalten sich gegenüber gewöhnlichem Material in ihrer Lebensdauer wie 10:1. Schnecken und Zahnräder, Zylinder, Kolben, Ventile und Sitzringe u. a. m. weisen ähnliche günstige Ergebnisse auf.

Das Perlitgußeisen, seine Herstellung, Festigkeitseigenschaften und Anwendungsmöglichkeiten[1].

Von Professor Dr.-Ing. e. h. O. Bauer, Berlin-Dahlem.

Die reinen Eisenkohlenstofflegierungen mit hohen Kohlenstoffgehalten (Roheisen, Gußeisen) erstarren, sofern nicht ein besonderer Anreiz zur Graphitausscheidung gegeben ist, „weiß“. Das Gefüge des erstarrten „weißen“ Eisens besteht aus Zementit (Eisenkarbid $= Fe_3C$) und dem Eutektoid Perlit. Da weißes Eisen so hart ist, daß es mit schneidenden Werkzeugen nicht bearbeitet werden kann, außerdem sehr spröde ist, so kommt es, abgesehen von gewissen Sonderzwecken, für den Maschinenbau nicht in Frage. Das Karbid Fe_3C (Zementit) ist aber ein instabiler Körper, der das Bestreben hat, in seine beiden Bestandteile Eisen (Ferrit) und Kohlenstoff (Graphit bzw. Temperkohle) zu zerfallen.

Durch gewisse Zusätze zum Gußeisen, die die Graphitausscheidung begünstigen (z. B. Silizium), ferner durch langsamen Durchgang durch das Erstarrungsintervall, sowie durch langsame Abkühlung bis unterhalb des Perlitpunktes gelingt es unter besonders günstigen Umständen, den Zerfall so weit zu treiben, daß man schließlich ein Gußeisen erhält, das nur aus Ferrit mit eingelagerten, mehr oder weniger groben Graphitblättern besteht.

Ferrit ist der weichste Gefügebestandteil der Eisenkohlenstofflegierungen; die zwischengelagerten Graphitblätter verringern seine an sich schon geringe Festigkeit. Für den Maschinenguß kommt demnach, abgesehen von gewissen Sonderzwecken, das Ferritgraphiteisen ebenfalls nicht in Frage.

Zwischen diesen beiden Grenzzuständen, dem harten und spröden „weißen“ Eisen und dem sehr weichen Ferritgraphiteisen, liegen in den verschiedensten Abstufungen die üblichen technischen grauen Guß-

[1] Erschienen in den „Mitteilungen aus dem Materialprüfungsamt zu Berlin-Dahlem“, Heft 6; Berlin: Julius Springer 1922.

eisensorten. Ihr Gefügeaufbau ist abhängig von der chemischen Zusammensetzung, von dem angewendeten Schmelz- und Gießverfahren und von den Erstarrungs- und Abkühlungsverhältnissen nach dem Guß. Letztere werden naturgemäß weitgehend durch den Querschnitt des betreffenden Gußstückes beeinflußt.

Im Kleingefüge des gewöhnlichen grauen Gußeisens treten in der Regel nebeneinander in wechselnden Mengen Graphit, Ferrit, Perlit und freier Zementit auf, ferner noch Phosphideutektikum und je nach dem Schwefelgehalt Einschlüsse von Schwefeleisen oder Schwefelmangan.

Ein Kohlenstoffstahl mit 0,9% Kohlenstoff besteht im ausgeglühten Zustand nur aus Perlit (Eutektoid: Ferrit-Zementit), das Gefüge ist gleichmäßig und dicht. Wegen seiner ausgezeichneten Festigkeitseigenschaften nimmt der perlitische Stahl gegenüber den untereutektoiden und den übereutektoiden Stählen eine gewisse Sonderstellung ein. Der Gedanke lag nahe, auch ein Gußeisen zu erzeugen, dessen Kleingefüge in der Hauptsache nur aus Perlit mit eingelagertem Graphit besteht. Ein solches Gußeisen müßte Festigkeitseigenschaften aufweisen, die dem perlitischen Stahl nahekommen und die nur durch den zwischengelagerten Graphit entsprechend beeinflußt werden.

Zahlreiche, von verschiedenen Forschern gelegentlich durchgeführte Untersuchungen von Gußstücken, die im Gefügeaufbau dem Perlitgußeisen (Perlit-Graphit) nahekamen, schienen obige Vermutung zu bestätigen. Es war aber zunächst nicht möglich, im laufenden Betrieb jederzeit mit Sicherheit das gewünschte Perlitgraphitgefüge zu erhalten.

Durch systematische Versuche ist es A. Diefenthäler und K. Sipp[1] gelungen, ein Verfahren auszuarbeiten, das mit großer Sicherheit die Erzielung des gewünschten Perlitgraphitgefüges gestattet.

Das Verfahren steht seit 1916 unter Patentschutz[2]. Es ist inzwischen weiter ausgebaut und hat schließlich zu ganz bestimmten Regeln bezüglich der Erzielung der gewünschten Eigenschaften des Gußeisens geführt. Es besteht im wesentlichen in der Verbindung zweier Mittel: erstens in der Veränderung der Gattierung und zweitens in der richtigen Wärmebehandlung der Form.

Die Gattierung wird darauf eingestellt, möglichst geringen Anreiz zur Graphitbildung zu geben. Zur Verwendung gelangt ein kohlenstoff-, silizium- und phosphorarmes Gußeisen; bemerkenswert ist noch, daß ein reichlicher Schwefelgehalt, der von den meisten Gießereifachleuten besonders gefürchtet wird, beim Perlitguß nicht ungern gesehen wird.

Bei gewöhnlicher Abkühlung würde demnach ein solches Eisen „weiß" erstarren.

Um das gewünschte Perlitgraphitgefüge zu erhalten, ist verlangsamte Abkühlung erforderlich, die durch eine Vorwärmung der Form

---

[1] Die Versuche wurden in der Gießerei der Firma Heinrich Lanz in Mannheim durchgeführt.

[2] Patentschrift Nr. 301913: „Verfahren zur Erzielung von Perlitguß mit hoher Widerstandsfähigkeit gegen gleitende Reibung". 10. Mai 1916 von A. Diefenthäler in Heidelberg.

erreicht wird. Die Höhe der Vorwärmung richtet sich nach der Wandstärke des zu vergießenden Gußstückes.

Theoretisch wäre es möglich, aus ein und derselben Gattierung durch geeignete Wärmebehandlung der Gußform jeden Querschnitt mit dem gleichen Endresultat (Perlitgraphitgefüge) zu vergießen, nachdem durch praktische Vorversuche die für die verschiedenen Querschnitte erforderlichen Abkühlungszeiten einmal festgelegt sind. In der Praxis verfährt man in der Regel in der Weise, daß man verschiedene Querschnittsgebiete zusammenfaßt und für jedes Gebiet bei gleicher Vorwärmung der Form eine besondere Gattierung wählt.

Der Umstand, daß bei dem Verfahren Gattierungen Verwendung finden, die in gewöhnlicher, nicht vorgewärmter Gußform vergossen „weißes Eisen" ergeben würden, gestattet jederzeit, nachträglich festzustellen, ob ein Gußstück nach dem Perlitverfahren hergestellt wurde; man braucht nur die Analyse mit dem Querschnitt des Gußstückes zu vergleichen, um ein ziemlich sicheres Urteil über die Herstellungsart zu gewinnen.

Die dem Perlitguß nachgerühmten Eigenschaften sollen sein:

1. Gute Biege-, Zugfestigkeit und Zähigkeit;
2. hohe Widerstandsfähigkeit gegen Schlag- und Stoßbeanspruchung;
3. mäßige Härte bei guter Bearbeitbarkeit;
4. geringe Abnutzung bei gleitender Reibung;
5. geringe Neigung zur Lunkerbildung und demgemäß Herstellungsmöglichkeit schwierigster Gußstücke;
6. feiner und dichter Gefügeaufbau und Beständigkeit des Gefüges gegen Temperaturbeeinflussung.

Unabhängig von Diefenthäler und Sipp kamen in der Nachzeit auch andere Forscher zu einer ähnlichen Wertung des Perlitgefüges beim Gußeisen[1], ohne jedoch die sichere Erzeugung des Perlitgusses erkannt zu haben.

Es erschien nun von hohem Interesse, an der Hand einwandfreien Probenmaterials nachzuprüfen, inwieweit die dem Perlitguß nachgerühmten guten Eigenschaften tatsächlich zutreffen.

---

[1] Über das Verhalten bei Abnützungsversuchen berichtet v. Hanffstengel im Rundschreiben M 387 der Metall-Beratungs- und Verteilungsstelle für den Maschinenbau, Oktober 1918:

„Gußeisen, das bei geringem Siliziumgehalt abgekühlt ist und ein sehr feines perlitisches Gefüge besitzt, hat sich bei den Versuchen nach dem Hanemann-Hanffstengelschen Verfahren und bei Schneckenrädern zum Antrieb von Zentrifugen gut bewährt. Es hat bei versagender Schmierung auf gehärteter Scheibe überraschend gut gearbeitet."

Ferner sei verwiesen auf die Arbeit von T. Turner: „Silizium im Gußeisen" in „The Foundry" 1920, S. 379/82, auszugsweise veröffentlicht in der Zeitschrift „Die Gießerei" 1920, S. 170; ferner J. W. Bolton in „The Foundry" 1922, Heft vom 15. Januar und 1. Februar: „Die Metallographie des grauen Gußeisens", Abdruck in der „Gießereizeitung" 1922, 20. Juni von J. Stein in Aachen, sowie: „Einfluß mäßig hoher Temperaturen auf Gußeisen" 1920, Heft 11. Durch letztere Arbeit wird nachgewiesen, daß Gußeisen mit über 1% Si-Gehalt in steigendem Maße beim Auftreten der Betriebstemperaturen, wie sie besonders bei Explosionsmotoren gegeben sind, umkristallisiert, indem Perlit in Ferrit und Graphit übergeht.

Die Firma Heinrich Lanz, Mannheim, stellte mir für die Versuche in liebenswürdigster Weise ihre Gießereieinrichtungen zur Verfügung.

Zur Verwendung gelangten drei Gußeisensorten:

1. Gewöhnliches Gußeisen, wie es bei einfacheren Gußstücken, die leicht bearbeitbar sein müssen und bei denen es auf besonders hohe Festigkeit nicht ankommt, verwendet wird. Im nachfolgenden soll dieses Gußeisen mit *G* bezeichnet werden.

2. Sogenanntes „Zylindereisen“ für Maschinenguß mit einer Festigkeit von 18 bis 24 kg/mm²; nachfolgend mit *Z* bezeichnet.

3. Perlitguß; nachfolgend mit *P* bezeichnet.

Von jeder Gußart wurden je 6 Normalbiegestäbe von 32 und von 42 mm Durchmesser und 750 mm Länge gegossen. Die Formen waren nahtlos abgeformt, getrocknet und geschwärzt. Der Guß wurde von oben vorgenommen. Die Formen für den Perlitguß waren nach dem patentierten Verfahren vorbehandelt.

Das Gießen der *G*- und *Z*-Proben geschah aus dem Kupolofen im normalen Betriebsgang. Die *P*-Proben wurden aus dem Tiegel vergossen[2], wobei der Schwefelgehalt absichtlich reichlicher bemessen wurde als bei den Proben *G* und *Z* (siehe Tab. 1).

Die Stäbe jeder Gußart wurden mit Nr. *1* bis *12* gestempelt. Die Stäbe von 42 mm Durchmesser erhielten die Nummern *1* bis *6*, die von 32 mm Durchmesser die Nummern *7* bis *12*.

Die Gußstäbe mit geraden Nummern wurden mit der Gußhaut der Biegeprobe unterworfen, die ungeraden wurden von 42 auf 38 mm bzw. von 32 auf 28 mm Durchmesser abgedreht.

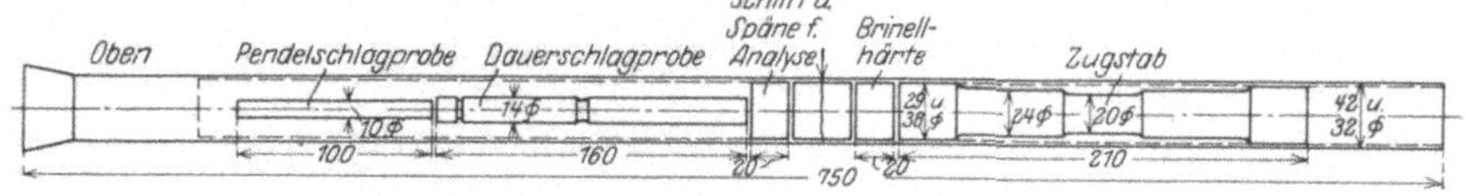

Abb. 1. Entnahme der Probestäbe.

Folgende Versuche und Untersuchungen wurden ausgeführt:

a) Chemische Analyse,
b) Gefügeuntersuchung,
c) Biegeversuche,
d) Zugversuche,
e) Bestimmung der Kugeldruckhärte,
f) Wechselschlagversuche,
g) Schlagbiegeversuche.

Die Entnahme der Proben für die verschiedenen Versuche ist aus Abb. 1 ersichtlich.

Zu a) Chemische Analyse. Die Analyse der Durchschnittsprobe aus je einem Probestab ergab die in Tab. 1 angegebenen Werte.

[2] Im normalen Betrieb wird auch der Perlitguß im Kupolofen ohne Schwierigkeiten erschmolzen. Die Perlitgußproben zeigten nur sehr geringe Neigung zur Lunkerbildung.

Beachtenswert ist der niedrige Silizium- und der reichliche Schwefelgehalt des Perlitgusses. Bei gewöhnlicher Abkühlung würde das Material „weiß“ erstarren.

Der gebundene Kohlenstoff ist in Material *G* am niedrigsten, etwas höher in Material *Z* und erreicht im Perlitguß *P* nahezu den eutektoiden Gehalt.

Zu b) Gefügeuntersuchung. Abb. 2 zeigt in 100facher linearer Vergrößerung das Kleingefüge der Probe *G*. Es besteht aus Graphit, Ferrit und Perlit mit reichlichen Mengen von Phosphideutektikum, entspricht demnach dem Gefüge gewöhnlichen grauen Gußeisens.

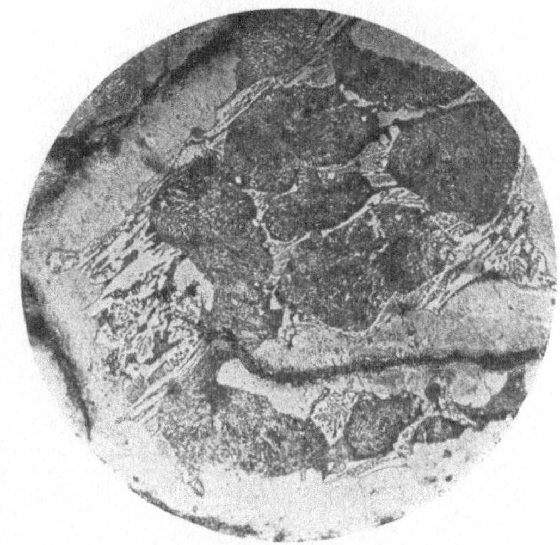

Abb. 2. Gußeisen *G*.

Abb. 3 zeigt das Kleingefüge des Zylindereisens *Z*. Das Bild ist in 500facher Vergrößerung an einer Stelle mit vorwiegend perlitischer Grundmasse aufgenommen, daneben sind im Gefüge Phosphideutektikum, grobe Graphitblätter und wenig Ferrit erkennbar. An anderen Stellen waren größere Ferritmengen vorhanden.

Abb. 4 ($v = 500$) zeigt das Gefüge der Probe *P 5*. Die Grundmasse besteht aus Perlit mit eingelagerten feinen Graphitblättern. Phosphideutektikum ist ebenfalls vorhanden, jedoch kein Ferrit.

Abb. 3. Zylindereisen *Z*.

Der Perlit ist bei allen drei Proben nicht deutlich lamellar ausgebildet; es ist aber zu beachten, daß es sich nur um kleine Querschnitte handelt (42 und 32 mm Durchmesser). Bei größeren Abmessungen der Gußstücke, bei denen die Abkühlung an sich bereits langsamer ist, pflegt der Perlit meist deutlich lamellar aufzutreten; siehe z. B. Abb. 5 ($v = 300$), aus einem Perlitguß von größerem Querschnitt stammend.

Zu c) Biegeversuche. Zur Verwendung gelangte eine 2000-kg-Prüfmaschine der Maschinenbau-Aktiengesellschaft vorm. J. Losenhausen in Düsseldorf. Die Ergebnisse sind in Tab. 2 zusammengestellt und in Abb. 6 graphisch aufgetragen.

Abb. 4. Perliteisen *P*.

Aus Tab. 2 ergibt sich folgendes:

1. In allen Fällen weisen die Proben ohne Gußhaut höhere Biegefestigkeit und weitergehende Durchbiegung auf als die Proben mit Gußhaut.

2. Die mit geringerem Durchmesser (32 mm) gegossenen Probestäbe besitzen durchgängig höhere Biegefestigkeit bei gleicher Durchbiegung wie die mit größerem Durchmesser (42 mm) gegossenen Probestäbe.

3. Der Perlitguß zeigt in allen Fällen die höchsten Werte für die Biegefestigkeit und für die Durchbiegung; dann folgt der Zylinderguß; die geringsten Werte zeigt das gewöhnliche Gußeisen.

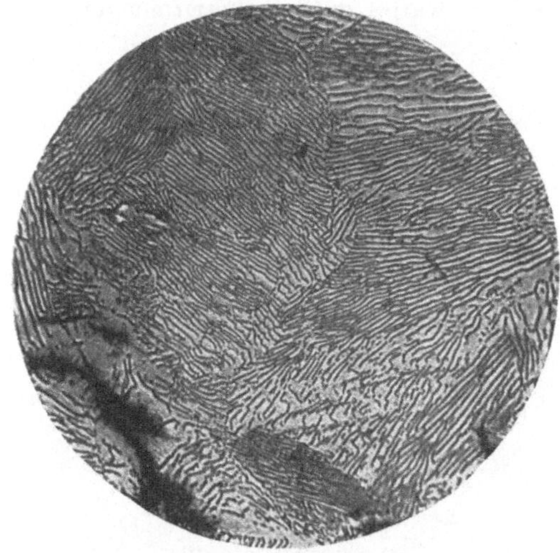

Abb. 5. Perlitguß.

Zu d) Zugversuche. Zur Verwendung gelangte eine Pohlmeier-Maschine von Heinrich Erhardt in Düsseldorf.

Die Abmessungen der Zugproben sind aus Abb. 7 ersichtlich. Die Ergebnisse sind in Tab. 3 zusammengestellt und in Abb. 8 graphisch aufgetragen.

Das Ergebnis der Zugversuche steht mit den Ergebnissen der Biegeproben in Übereinstimmung.

Die aus den Gußstäben mit geringerem Durchmesser (32 mm) entnommenen Zugproben weisen höhere Festigkeit auf als die Stäbe, die aus den Gußstäben mit größerem Durchmesser (42 mm) entnommen waren. Die höchste Zugfestigkeit haben die Perlitgußstäbe *P*, die geringste die Stäbe aus

Tabelle 1.

	Gesamt-kohlen-stoff %	Graphit %	Gebun-dene Kohle %	Sili-zium %	Mangan %	Phos-phor %	Schwe-fel %
Gußeisen *G*	3,29	2,99	0,30	2,79	0,56	1,15	$0{,}08_4$
Zylindereisen *Z* . .	3,51	2,84	0,67	1,74	0,66	0,50	$0{,}07_6$
Perliteisen *P* . . .	3,25	2,41	0,84	1,11	0,79	0,40	$0{,}15_4$

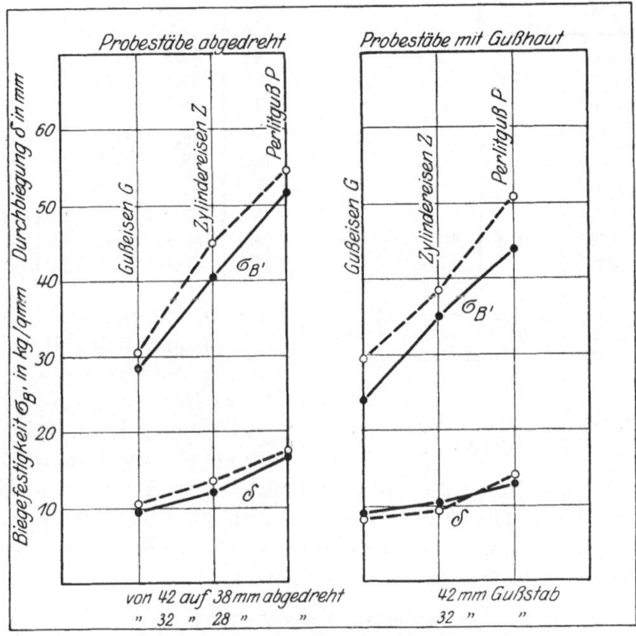

Abb. 6. Biegeversuche.

Tabelle 2. Biegeversuche.

Von 42 auf 38 mm Durchmesser abgedreht					42 mm Durchmesser mit Gußhaut geprüft				
Nr.	Biegefestigkeit Bruchgrenze σ_B' in kg/mm²		Durchbiegung δ in mm		Nr.	Biegefestigkeit Bruchgrenze σ_B' in kg/mm²		Durchbiegung δ in mm	
	Einzel-werte	Mittel	Einzel-werte	Mittel		Einzel-werte	Mittel	Einzel-werte	Mittel
G 1	27,8		9,5		*G* 2[1]	23,5		8,6	
G 3	29,4	**28,6**	9,7	**9,6**	*G* 4	24,9	**24,3**	9,7	**9,2**
G 5	28,5		9,6		*G* 6	24,4		9,2	
Z 1[1]	39,2		11,0		*Z* 2	35,5		11,6	
Z 3	41,2	**40,6**	12,5	**12**	*Z* 4[1]	33,8	**35,1**	9,4	**10,4**
Z 5	41,5		12,5		*Z* 6[1]	36,0		10,2	
P 1	51,0		16,2		*P* 2[1]	43,5		13,5	
P 3	50,9	**51,8**	17,2	**16,9**	*P* 4	48,9	**44,3**	16,1	**13,1**
P 5	53,4		17,4		*P* 6[1]	40,4		9,8	

[1] Kleine Fehlstelle vorhanden.

Tabelle 2 (Fortsetzung.

Von 32 auf 28 mm Durchmesser abgedreht					32 mm Durchmesser mit Gußhaut geprüft				
Nr.	Biegefestigkeit Bruchgrenze σ_B' in kg/mm²		Durchbiegung δ in mm		Nr.	Biegefestigkeit Bruchgrenze σ_B' in kg/mm²		Durchbiegung δ in mm	
	Einzelwerte	Mittel	Einzelwerte	Mittel		Einzelwert	Mittel	Einzelwerte	Mittel
G 7	30,7		11,0		*G* 8	33,2		9,2	
G 9	30,7	**30,6**	10,2	**10,3**	*G* 10[1]	28,1	**29,8**	8,1	**8,3**
G 11	30,4		9,8		*G* 12[1]	28,0		7,6	
Z 7	47,1		14,1		*Z* 8	38,0		9,4	
Z 9	44,5	**45,1**	13,2	**13,3**	*Z* 10	38,5	**38,8**	9,6	**9,6**
Z 11	43,6		12,5		*Z* 12	39,8		9,7	
P 7	53,4		16,3		*P* 8	51,7		15,0	
P 9	55,5	**54,5**	18,7	**17,5**	*P* 10	50,8	**50,9**	13,5	**14,1**
P 11	54,7		17,5		*P* 12	50,1		13,7	

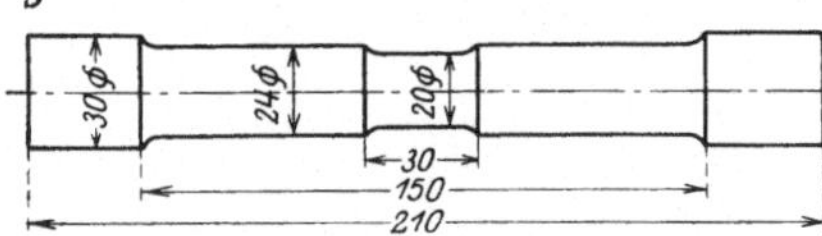

Abb. 7. Abmessungen der Zugproben. Millimetermaße.

dem gewöhnlichen Gußeisen *G*; dazwischen liegt die Festigkeit des Zylindergusses *Z*.

e) Bestimmung der Kugeldruckhärte. Zur Verwendung gelangte eine Maschine von der Mannheimer Maschinenfabrik Mohr & Federhaff. Eine Kugel von 10 mm Durchmesser wurde mit 3000 kg Belastung in die Mitte der geschliffenen Probescheibe eingedrückt. Die Belastungsdauer betrug 1 Minute.

Tabelle 3. Zugversuche.

Probestäbe, entnommen aus dem 42-mm-Gußstab Zugfestigkeit σ_B in kg/mm²			Probestäbe, entnommen aus dem 32-mm-Gußstab Zugfestigkeit σ_B in kg/mm²		
Nr.	Einzelwerte	Mittel	Nr.	Einzelwerte	Mittel
G 1	12,9		*G* 7	14,8	
G 3	13,3	**13,1**	*G* 9	14,0	**14,6**
G 5	13,2		*G* 11	14,9	
Z 1	18,5		*Z* 7	21,4	
Z 3	18,2	**18,3**	*Z* 9	21,4	**21,5**
Z 5	18,1		*Z* 11	21,6	
P 1	23,2		*P* 7	28,5	
P 3	25,1	**25,0**	*P* 9	28,1	**28,2**
P 5	26,8		*P* 11	28,0	

Die Ergebnisse sind in Tab. 4 zusammengestellt und in Abb. 8 graphisch aufgetragen.

Das, was anläßlich der Besprechung der Biegeproben und Zugversuche gesagt war, gilt auch für die Härte.

Tabelle 4. Kugeldruckhärte nach Brinell[1].

42-mm-Gußstab Kugeldruckhärte nach Brinell			32-mm-Gußstab Kugeldruckhärte nach Brinell		
Nr.	Einzelwerte	Mittel	Nr.	Einzelwerte	Mittel
G 1	132		*G* 7	138	
G 3	125	**130**	*G* 9	137	**136**
G 5	134		*G* 11	134	
Z 1	149		*Z* 7	172	
Z 3	147	**148**	*Z* 9	161	**166**
Z 5	149		*Z* 11	166	
P 1	161		*P* 7	174	
P 3	166	**164**	*P* 9	176	**176**
P 5	156		*P* 11	179	

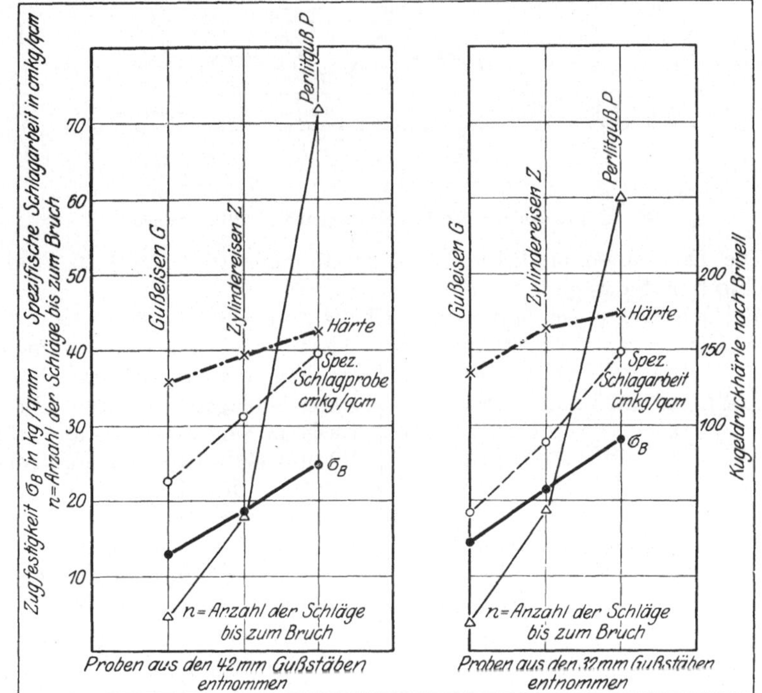

Abb. 8. Zugfestigkeit, Kugeldruckhärte, Wechselschlag- und Schlagbiegeversuch.

f) Wechselschlagversuche. Die Versuche wurden mit dem Kruppschen Wechselschlagwerk ausgeführt. Die Abmessungen der Probestäbe sind aus Abb. 9 ersichtlich.

Das Bärgewicht betrug 3,142 kg, die Fallhöhe 30 mm. Die Schläge erfolgten abwechselnd auf die Seite s_1 und s_2 (s. Abb. 9).

[1] Baumaterialienkunde 1900, S. 276.

Tabelle 5. Wechselschlagversuche.

Aus 42-mm-Gußstab entnommen			Aus 32-mm-Gußstab entnommen		
Nr.	n = Anzahl der Schläge bis zum Bruch		Nr.	n = Anzahl der Schläge bis zum Bruch	
	Einzelwerte	Mittel		Einzelwerte	Mittel
G 1	6		*G* 7	3	
G 3	5	**5**	*G* 9	5	**4**
G 5	5		*G* 11	4	
Z 1	18		*Z* 7	verunglückt	
Z 3	19	**18**	*Z* 9	19	**19**
Z 5	16		*Z* 11	19	
P 1	80		*P* 7	79	
P 3	49	**72**	*P* 9	47	**60**
P 5	87		*P* 11	55	

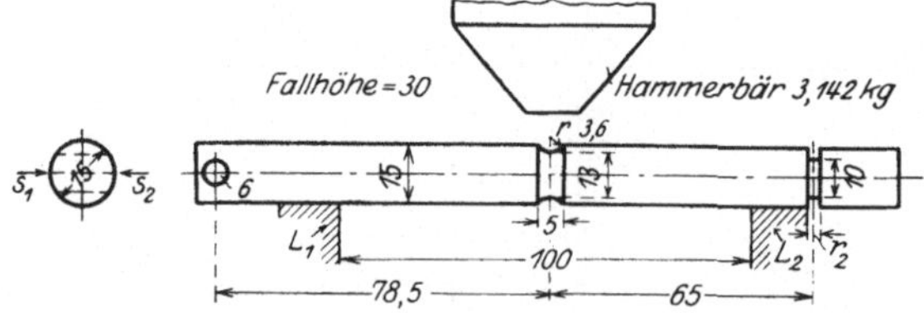

Abb. 9. Abmessungen der Wechselschlagproben. Millimetermaße.

Die Ergebnisse sind in Tab. 5 zusammengestellt und in Abb. 8 graphisch aufgetragen.

Bei den Wechselschlagversuchen haben im allgemeinen die aus dem 42-mm-Gußstab entnommenen Proben etwas größere Anzahl von Schlägen bis zum Bruch ausgehalten als die aus dem 32-mm-Gußstab entnommenen Stäbe; die Unterschiede sind jedoch zum Teil nur sehr gering.

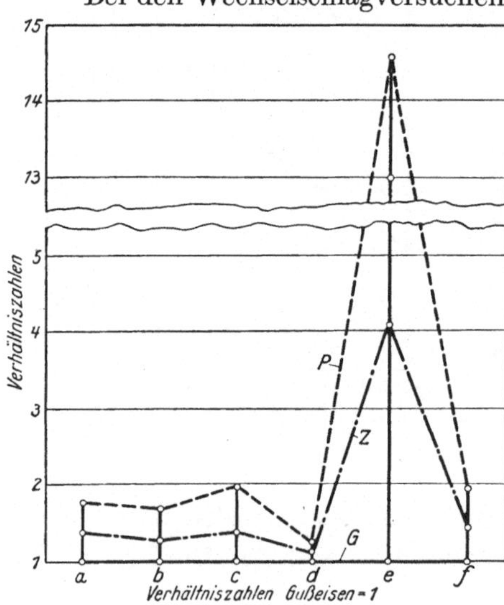

Abb. 10.

In allen Fällen hat der Perlitguß die bei weitem größte Widerstandsfähigkeit gegen stoßweise Beanspruchung aufgewiesen.

Zu g) Schlagbiegeversuche. Die Probestäbe hatten die Abmessungen $10 \times 10 \times 100$ mm. Ein Kerb wurde nicht angebracht. Zur Verwendung gelangte ein kleines 150 cm/kg-Pendelschlagwerk von Louis Schopper, Leipzig.

Die Ergebnisse der Schlagbiegeversuche sind in Tab. 6 zusammengestellt und in Abb. 8 graphisch aufgetragen.

Tabelle 6. Schlagbiegeversuche.

Aus 42-mm-Gußstab entnommen			Aus 32-mm-Gußstab entnommen		
Nr.	Spez. Schlagarbeit cmkg/cm²		Nr.	Spez. Schlagarbeit cmkg/cm²	
	Einzelwerte	Mittel		Einzelwerte	Mittel
G 1	25,4		*G* 7	17,4	
G 3	24,3	**22,9**	*G* 9	20,0	**18,6**
G 5	19,1		*G* 11	18,3	
Z 1	29,0		*Z* 7	18,4	
Z 3	31,2	**31,2**	*Z* 9	24,2	**27,8**
Z 5	33,3		*Z* 11	40,7	
P 1	45,2		*P* 7	40,6	
P 3	33,4	**39,8**	*P* 9	38,0	**39,9**
P 5	39,8		*P* 11	41,2	

Auch bei den Schlagbiegeproben kommt die Überlegenheit des Perlitgusses gegenüber den beiden anderen Gußeisensorten deutlich zum Ausdruck.

Zusammenfassung der Ergebnisse.

Setzt man die für Gußeisen *G* gefundenen Werte aus den Tab. 2 bis 6 = 1, so ergeben sich für Zylindereisen *Z* und Perliteisen *P* die in Tab. 7 mitgeteilten Verhältniszahlen.

In Abb. 10 sind die Mittelwerte aus Tab. 7 aufgetragen und der größeren Übersichtlichkeit wegen durch Linienzüge verbunden. Bemerkenswert ist vor allem, daß trotz günstigerer Festigkeitseigenschaften des Perliteisens die Unterschiede zwischen den Verhältniszahlen der Kugeldruckhärte nur unerhebliche sind. Die Bearbeitbarkeit des Perlitgusses mit schneidenden Werkzeugen ist dementsprechend auch eine gute; sie steht der des Zylindergusses sehr nahe. Die größten Unterschiede weisen die Verhältniszahlen der Wechselschlagversuche auf. Das Perliteisen überragt hier die beiden anderen Gußeisensorten um ein Vielfaches. Da der Wechselschlagversuch einen gewissen Anhalt für die Zähigkeit eines Materials gibt, so erhellt daraus, daß das Perliteisen in der Zähigkeit und der Unempfindlichkeit gegen stoßweise Beanspruchungen den beiden anderen untersuchten Gußeisensorten erheblich überlegen ist.

Die bei allen Festigkeitsversuchen festgestellten, z. T. recht beträchtlichen Unterschiede in den Materialeigenschaften zwischen den Stäben mit 42 mm und mit 32 mm Durchmesser zeigen, daß der Wert des Abgusses von Probestäben zwecks Ermittelung der Materialeigenschaften eines Konstruktionsteiles aus Gußeisen nur ein recht zweifelhafter ist.

Maßgebend für die Festigkeitseigenschaften von Gußeisen sind und bleiben die Abkühlungsverhältnisse nach dem Guß, die wieder durch die Wandstärke weitgehend beeinflußt werden.

Das Perlitgußverfahren bedingt, richtig durchgeführt, einen wertvollen Ausgleich des Einflusses verschiedener Wandstärken.

Tabelle 7. Verhältniszahlen.
Gußeisen $G = 1$ gesetzt.

Gußstab	Biegefestigkeit (Tab. 2) G Z P	Durchbiegung (Tab. 2) G Z P	Zugfestigkeit (Tab. 3) G Z P	Kugeldruckhärte (Tab. 4) G Z P	Wechselschlagversuche (Tab. 5) G Z P	Schlagbiegeversuche (Tab. 6) G Z P
42 mm Durchmesser mit mit Gußhaut	1 : 1,44 : 1,82	1 : 1,13 : 1,42	—	—	—	—
32 mm Durchmesser mit Gußhaut	1 : 1,30 : 1,70	1 : 1,16 : 1,70	—	—	—	—
42 mm Durchmesser auf 38 mm abgedreht . . .	1 : 1,42 : 1,81	1 : 1,25 : 1,76	1 : 1,40 : 1,90	1 : 1,14 : 1,26	1 : 3,6 : 14,4	1 : 1,36 : 1,73
32 mm Durchmesser auf 28 mm abgedreht . . .	1 : 1,47 : 1,78	1 : 1,29 : 1,70	1 : 1,47 : 1,93	1 : 1,22 : 1,30	1 : 4,75 : 15,0	1 : 1,50 : 2,14
Mittel	1 : 1,41 : 1,78	1 : 1,24 : 1,65	1 : 1,44 : 1,92	1 : 1,18 : 1,28	1 : 4,18 : 14,7	1 : 1,43 : 1,94

Anwendungsgebiete des Perlitgusses.

Nach den in den Abschnitten c) bis g) beschriebenen, vergleichenden Versuchen zwischen gewöhnlichem Gußeisen G, Zylindereisen Z und Perliteisen P ist das Perliteisen in seinen Festigkeitseigenschaften den zum Vergleich herangezogenen Gußeisensorten G und Z beträchtlich überlegen. Wesentlich erscheint ferner, daß ein nach dem Perlitgußverfahren gegossener Konstruktionsteil infolge seiner erheblich langsameren und gleichmäßigen Abkühlung nahezu spannungsfrei sein dürfte, während Gußstücke, die nach dem sonst üblichen Verfahren vergossen werden, unter Umständen starke Gußspannungen enthalten.

In allen den Fällen, wo besonderer Wert auf hohe Sicherheit und Festigkeit gelegt wird und wo die höheren Gestehungskosten weniger in Frage kommen, wird man sich daher mit Vorteil dieses neuen Perlitgußverfahrens bedienen können.

In Frage kommen:

1. Teile von Dampfmaschinen und Explosionsmotoren.

Infolge der guten Festigkeitseigenschaften und des spannungsfreien Zustandes des Perlitgusses kann leichter konstruiert werden, woraus sich Ersparnisse an Material und an Gewicht ergeben, zumal bei Lokomotiven, Schiffsmaschinen usw. die Gewichtsfrage unter Umständen eine wesentliche Rolle spielt.

2. Das anscheinend günstige Verhalten gegen Abnutzung[1] läßt die

[1] Siehe Fußanmerkung 1 S. 7 über Abnützungsversuche von v. Hanffstengel. Da es sich hierbei zunächst nur um einige wenige Versuche handelt, dürfte es sich empfehlen, die Abnützungsversuche auf breiterer Grundlage zu wiederholen.

Verwendung von Perlitguß auch in solchen Fällen als empfehlenswert erscheinen, wo die Maschinenteile gleitender Reibung (Abnutzung) ausgesetzt sind, z. B. bei Kolben, Kolbenringen, Zylindern, Gleitbahnen, Getrieberädern, Schlittenführungen usw.

3. Stahlguß und Temperguß erleiden durch das nicht zu umgehende Ausglühen bzw. durch das Tempern nach dem Guß vielfach Verziehung und Formveränderungen. Der Perlitguß behält seine ursprüngliche Form, da ein Ausglühen nach dem Guß nicht in Frage kommt.

Es können deshalb Teile aus Stahlform- und Temperguß in vielen Fällen mit Vorteil aus Perlitguß hergestellt werden, wenn die Festigkeitseigenschaften (z. B. die Dehnung) des Stahlform- und Tempergusses nicht vollständig ausgenutzt werden.

4. Es ist bekannt (siehe auch Fußanmerkung 1 S. 7), daß hochsiliziumhaltiger Guß schon bei mäßig hoher Betriebstemperatur, wie sie besonders bei Explosionsmotoren üblich ist, zur Gefügeumänderung neigt. Bei etwa 1% Si-Gehalt ist der Guß noch beständig, darüber hinaus tritt in steigendem Maße Übergang in Ferritgefüge auf. Da es jedoch nicht möglich ist, die Motorzylinder und -kolben infolge ihrer geringen Querschnitte in bearbeitbarem Zustand nach dem sonst üblichen Gießverfahren aus Gußeisen mit geringem Si-Gehalt zu vergießen, gewinnt hierfür die Verwendung des Perlitgusses mit seinem niedrigen Si-Gehalt besondere Bedeutung. Die geringe Neigung zur Lunkerbildung des Perlitgusses gestattet auch die im Motorenbau vorkommenden schwierigsten Stücke mit Erfolg in diesem Material zu vergießen.

Rückblick auf die Entwicklung des Gußeisens.

Während man früher ganz allgemein das Gußeisen lediglich nach seinem Bruchaussehen beurteilte und dabei häufig zu Trugschlüssen kam, brachte bereits, als weitere Stufe der Entwicklung, die allgemeine Einführung der chemischen Untersuchung auf vielen Gebieten des Gießereiwesens eine Umwälzung. Der Gießereimann lernte den Einfluß der in jedem Eisen vorhandenen Fremdstoffe (Silizium, Mangan, Phosphor und Schwefel) auf die Eigenschaften des Fertigerzeugnisses kennen und nahm auf sie bei der Gattierung Rücksicht. Als dritte Stufe darf die bewußte Beeinflussung des Gefügeaufbaues durch zweckentsprechende Gattierung und durch sachgemäße Regelung der Abkühlungsverhältnisse nach dem Guß, wie sie z. B. beim Perlitguß vorgeschrieben ist, angesehen werden.

Die metallographische Gefügeuntersuchung gestattet, jederzeit nachzuprüfen, ob das angestrebte Ziel erreicht wurde.

Unzweifelhaft ist auch diese Stufe noch nicht die letzte in der Entwicklung des Gußeisens. Die Ausbildung eines Verfahrens zur sicheren Erzeugung des Perlitgraphitgefüges (Perlitguß) bedeutet aber einen wesentlichen Fortschritt in der Richtung der „Veredelung" des Gußeisens.

Perlitgußeisen.

Vortrag 1923.

Von Direktor Karl Sipp, Mannheim[1].

Unter Gußeisen verstehen wir eine leicht vergießbare Eisenkohlenstofflegierung, deren Kohlenstoffgehalt sich zwischen 2,2 und 4,2% bewegt. Daneben enthält die Legierung noch in der Regel eine Anzahl anderer Fremdstoffe, wie Silizium, Mangan, Phosphor und Schwefel. Je nach dem Erstarrungsvorgang kann der Kohlenstoffgehalt in verschiedener Form im Eisen auftreten und die Legierung in ihren Festigkeitseigenschaften stark beeinflussen. Verglichen mit anderen Eisensorten technischer Zweckbestimmung steht Gußeisen in seinen Festigkeitseigenschaften zurück; nur seine Druckfestigkeit steht hoch; dagegen ist besonders seine Zähigkeit gering. Die Grenze für die Verwendbarkeit des Gußeisens ist deshalb sehr eingeengt, und es erscheint nur selbstverständlich, wenn seit langem die Bestrebungen darauf gerichtet waren, seine Eigenschaften zu verbessern.

Die starke Beeinflussung der Festigkeitseigenschaften des Gußeisens durch den Kohlenstoff und die Form, in der er sich zum Eisen einstellt, hat schon unser Altmeister Ledebur eingehend in der ersten Auflage seines grundlegenden Werkes: „Vollständiges Handbuch der Eisengießerei“ vom Jahre 1883 gewürdigt, indem er ausführt, daß durch die Herabsetzung des Kohlenstoffgehalts eine Verbesserung der Festigkeitseigenschaften zu erzielen sei. Um jedoch die hierfür maßgebenden Kristallisationsvorgänge richtig einschätzen zu können, fehlte damals noch das Rüstzeug, das uns erst in Gestalt der Metallographie erstehen sollte. Deren Anwendung gestaltete sich aber gerade für das Gußeisen besonders schwierig, da dieses neben Kohlenstoff noch eine Anzahl anderer Fremdstoffe als Bestandteile enthält. Die Metallographie wandte sich deshalb zunächst den anderen Eisenlegierungen zu, und nur zögernd zog sie in der Folgezeit das Gußeisen in ihren Aufgabenkreis. Die Metallographie lehrt uns heute über Gußeisen folgendes:

Bei schroffer Erstarrung bleibt der größere Teil des Kohlenstoffgehaltes an das Eisen gebunden, und der Gefügebestandteil Zementit ist vorherrschend. Ein derartiges Eisen läßt sich mit Schneidewerkzeugen nicht bearbeiten und findet in der Technik nur vereinzelt Anwendung. Ein schematisches Gefügebild zeigt Abb. 11. Geht die Erstarrung sehr langsam vor sich, so findet eine vollständige Trennung von Kohlenstoff und Eisen statt; der Kohlenstoff geht in Graphitform über, und das übrige Gefüge besteht nur aus dem sehr weichen Ferrit. Ein derartiges Material ist für technische Zwecke zu weich und von zu geringer Festigkeit. Abb. 12 veranschaulicht dieses Gefüge. Zwischen diesen beiden Grenzgebieten liegen nun die planmäßig bisher

[1] Vortrag vor dem Technischen Hauptausschuß für das Gießereiwesen in Hamburg am 22. August 1923. Erschienen in: „Die Gießerei“ 1923, S. 491, München: Oldenbourg.

allein durch die Gattierung bewirkten Gefüge unserer gebräuchlichen Gußeisensorten. In Abb. 13 ist ein Durchschnittsgefüge dieser Art dargestellt. Es enthält die Bestandteile Graphit, Ferrit, Perlit, Zemen-

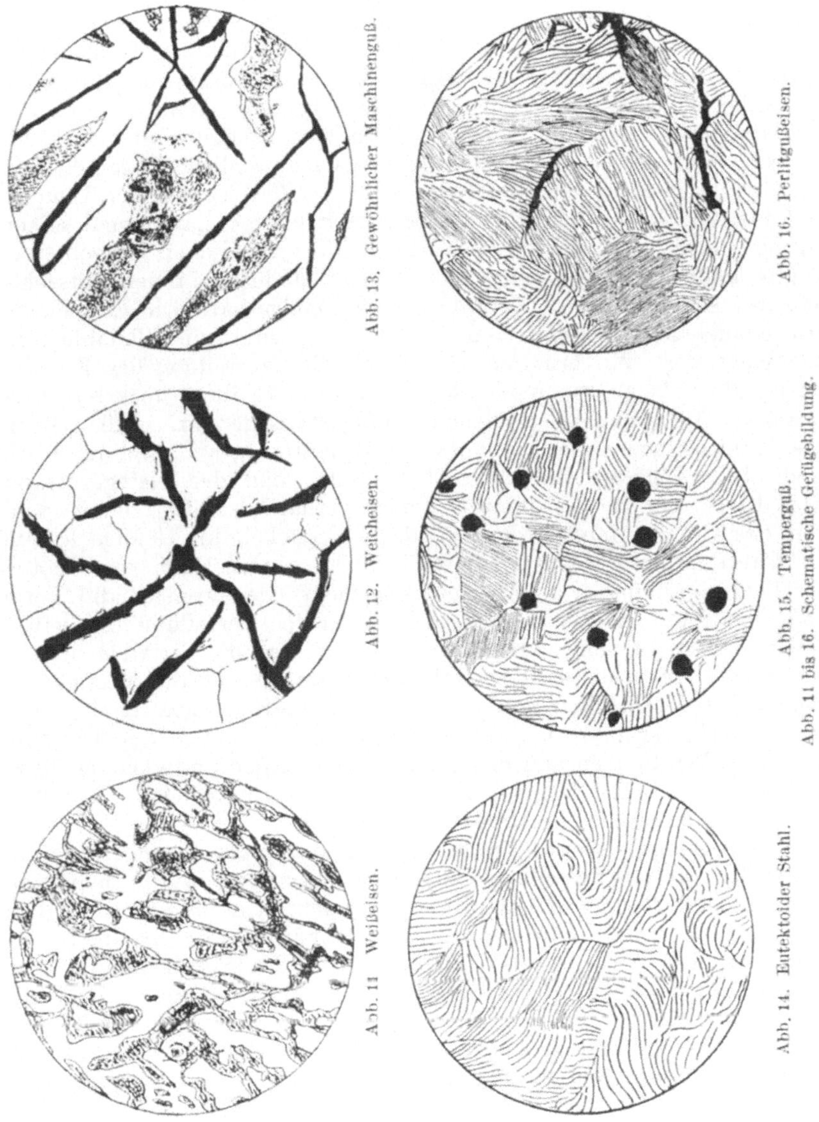

Abb. 11. Weißeisen. Abb. 12. Weicheisen. Abb. 13. Gewöhnlicher Maschinenguß.

Abb. 14. Eutektoider Stahl. Abb. 15. Temperguß. Abb. 16. Perlitgußeisen.

Abb. 11 bis 16. Schematische Gefügebildung.

tit, Phosphid und Sulphid, die nach Anteil und Lagerung zueinander je nach den vorhandenen Bestandteilen wechseln.

Abb. 14 stellt das Gefüge eines eutektoiden Stahles dar. Er enthält etwa 0,85% Kohlenstoff und baut sich bei normaler Abkühlung nur aus Perlit auf. Perlit besteht aus nebeneinander gelagerten Lamellen von Zementit und Ferrit und zeichnet sich durch hohe Festigkeit und Zähigkeit aus.

Wird das Gefüge Abb. 11 einem Glühverfahren nach gewissen Regeln, dem Tempern, unterworfen, so findet eine teilweise Entziehung des Kohlenstoffs statt. Ein weiterer Teil des Kohlenstoffs scheidet sich im Gefüge als Temperkohle in Form von Knötchen ab, während das übrige Gefüge in Perlit übergeht. Wir haben es also mit einem Gefüge ähnlich wie bei dem eutektoiden Stahl (Abb. 14) zu tun, und der Temperguß müßte danach ähnliche Eigenschaften wie der Stahl aufweisen. Daß dies nicht der Fall ist und der Temperguß viel geringere Festigkeitseigenschaften besitzt, hat einmal seinen Grund darin, daß das Gefüge durch die dazwischen eingebettete Temperkohle eine Trennung erfährt, zum anderen in der Tatsache, daß das Tempern eine Zonenbildung im Gefolge hat. Die Entziehung des Kohlenstoffs beginnt von außen und dringt nur allmählich in den Kern vor. Wir erhalten eine Kurve der Verteilung des Kohlenstoffs, die außen ihren niedrigsten und im Kern ihren höchsten Wert erlangt; es liegen also ungleiche Gefügezustände vor. Außen kann das Material aus nahezu reinem Ferrit bestehen, während im Kern noch der Gefügezustand Abb. 11 herrscht, und der Gefügezustand Abb. 15 ist nur in bestimmten Zonen vorhanden; die Verschiedenheit des Gefüges muß deshalb niedrige Festigkeit im Gefolge haben.

Während der Kohlenstoff beim Tempern sich in Form von Knoten abscheidet, nimmt er beim Gußeisen mehr oder weniger die Form von Blättchen an, die sich in unregelmäßiger Verteilung im Gefüge einlagern. Es ist einleuchtend und bekannt, daß die dadurch hervorgerufene Unterbrechung des Gefüges ungünstig auf die Festigkeitseigenschaften einwirken muß. Wollen wir die Eigenschaften des Gußeisens verbessern, so müssen wir deshalb die Menge des Graphits möglichst herabsetzen und ihn zur möglichst feinen und gleichmäßigen Verteilung und das übrige Gefüge in Perlitform bringen. Ein derartiges Idealgefüge ist in Abb. 16 wiedergegeben.

Die Tatsache, daß das Perlitgefüge für die Festigkeitseigenschaften des Gußeisens von ausschlaggebender Bedeutung ist, wurde schon von einer Anzahl Forschern erkannt und findet auch besonders in dem jetzt erschienenen Aufsatz von Wüst-Bardenheuer in den „Mitteilungen aus dem Kaiser-Wilhelm-Institut für Eisenforschung“ in Düsseldorf (Band IV) eingehende Würdigung. Trotz dieser Erkenntnis, die sich auf Unterlagen stützt, die mehr oder weniger als Zufallstreffer anzusehen sind, gelangte rein perlitisches Gußeisen nicht zur Erzeugung, weil seine planmäßige sichere Erzielung in normalem Betriebe nicht gelang.

Vom Jahre 1910 ab beschäftigte ich mich in Gemeinschaft mit Herrn Direktor Diefenthäler, dem langjährigen Leiter der Gießerei Heinrich Lanz, nachdem wir auf Grund zahlreicher Versuche die Bedeutung des Perlit-Graphitgefüges erkannt hatten, mit der Aufgabe, die Bedingungen zur Erreichung des Perlitgefüges im Gußeisen klarzustellen und ein Verfahren auszuarbeiten, das mit Sicherheit die Erzeugung gewährleistet. Die erzielten Ergebnisse veranlaßten Herrn Diefenthäler, im Jahre 1916 im Deutschen Reiche und danach in den wichtigsten Auslandsstaaten das Verfahren zur Erzeugung von Perlitgußeisen durch Patente schützen zu lassen[1]. Die Überführung des Verfahrens in die Praxis erlitt indessen durch den Krieg erhebliche Hemmungen, und erst vom Jahre 1919 ab konnte ich ihm bei der Firma Heinrich Lanz die hierfür erforderliche praktische Ausgestaltung geben. Das Verfahren besteht darin, daß zur geeigneten Gattierung bestimmte Abkühlungsverhältnisse zwecks Regelung des Erstarrungsvorganges treten. Theoretisch ist es danach möglich, aus einer Gattierung bei entsprechender Abkühlung oder bei einer bestimmten Abkühlung durch wechselnde Gattierung oder endlich durch Einstellung beider Momente zueinander jeden Querschnitt mit dem Ergebnis eines reinen Perlitgraphitgefüges zu vergießen.

Durch planmäßige, umfangreiche Versuche ist es fernerhin gelungen, Kurven aufzustellen, aus denen für jeden Querschnitt die passende Gattierung und Abkühlung abgelesen werden kann[2]. Diese Kurven bieten aber auch umgekehrt die Möglichkeit, bei einem Gußstück, dessen chemische Zusammensetzung bekannt ist, aus seinem Querschnitt und Gefüge zu erkennen, welche Abkühlung wirksam war, oder wenn die Abkühlung bekannt ist, auf die Gattierung zu schließen. Die Abkühlung kann durch Formbehandlung oder durch die Vergießtemperatur eingestellt werden.

Es taucht nun regelmäßig die Frage auf, ob das Verfahren für die Praxis nicht zu schwierig und teuer sei. Diese Frage ist mit Nein zu beantworten.

Das Verfahren wird in der Gießerei Lanz und neuerdings auch bereits von einigen Lizenznehmern mit bestem Erfolg ausgeübt. Jede neuzeitlich eingerichtete und geleitete, mit chemischem und metallographischem Laboratorium ausgerüstete Gießerei kann das Verfahren ohne weiteres durchführen. Ebenso ist die Gattierung derart, daß sie mit den allgemein zur Verfügung stehenden Rohstoffen möglich ist. Bezüglich der Schmelzeinrichtungen ist zu bemerken, daß jede Art benutzt werden kann. Die Vorteile, die neuere Schmelzvorrichtungen an sich voraus haben, kommen auch dem Perlitverfahren zugute.

Über das nach dem Verfahren erzeugte Perlitgußeisen und seine Eigenschaften darf ich auf die Untersuchungsergebnisse von Prof. Dr.-Ing. e. h. Bauer verweisen, die in „Stahl und Eisen“ sowie in den „Mitteilungen aus dem Materialprüfungsamte Berlin-Dahlem“ veröffentlicht sind[3]. Auf die in der Arbeit Bauer enthaltene Zahlenreihe und Kurve (Abb. 10 auf S. 14) über die Festigkeitseigenschaften möchte ich jedoch noch kurz eingehen. Es geht daraus hervor, daß es sich beim Perlitgußeisen in der Hauptsache nicht so sehr um die Steigerung der Zugfestigkeit — denn diese konnte auch seither schon durch

[1] Vgl. Anhang.
[2] Vgl. D.R.P. Nr. 417689, abgedruckt im Anhang.
[3] Abgedruckt auf S. 5.

geeignete Gattierung, aber auf Kosten der Bearbeitbarkeit, gesteigert werden — als vielmehr um die Erhöhung der Zähigkeit, die die schwächste Seite des Gußeisens ist und durch deren Erhöhung eine Erweiterung

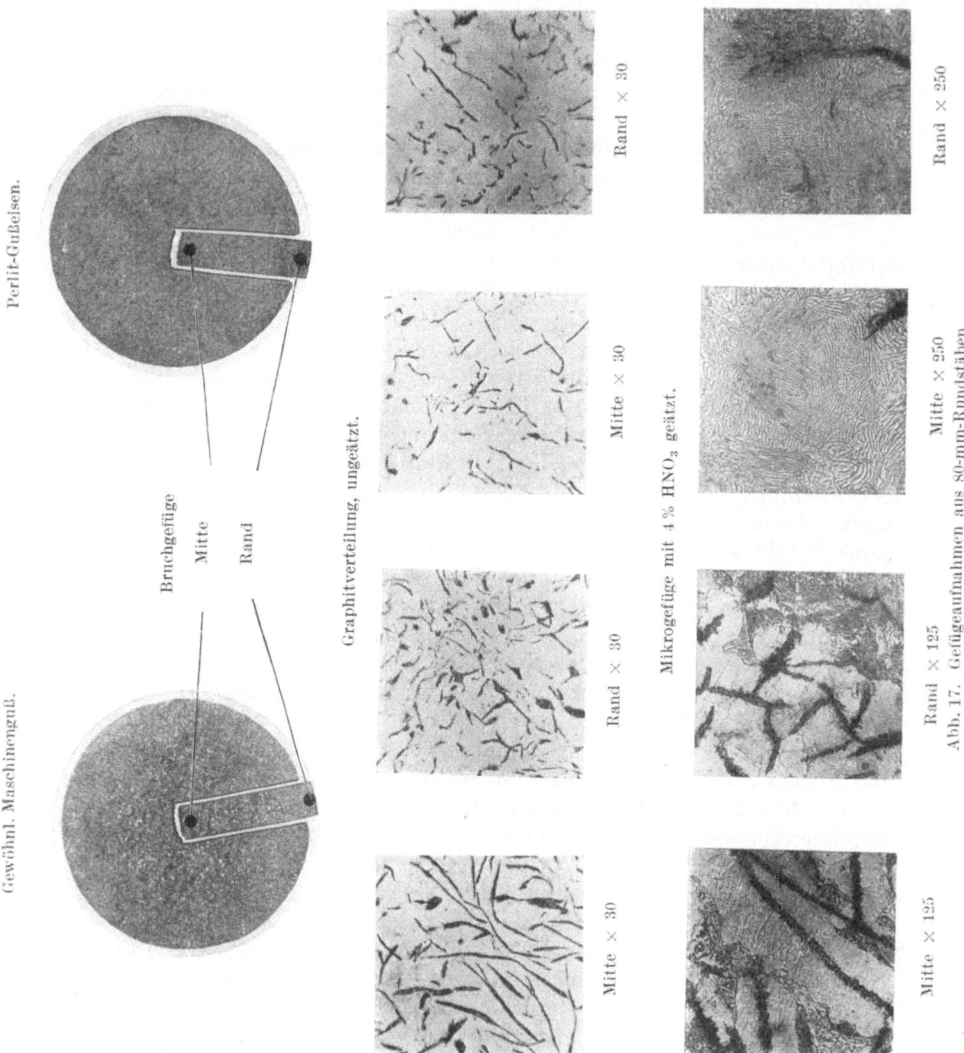

Abb. 17. Gefügeaufnahmen aus 80-mm-Rundstäben.

der Grenzen seines Anwendungsgebietes erzielt werden kann, sowie um die Innehaltung einer gleichmäßigen, die leichte Bearbeitbarkeit durch Schneidewerkzeuge gewährleistenden Härte, Verminderung der Lunkerbildung und der Eigenspannungen, Erhöhung der Dichtigkeit, der Gefügebeständigkeit und der Verschleißfestigkeit handelt.

Über die Lunkerursachen haben wir zwar noch keine restlose Aufklärung; es darf aber doch das eine als sicher angenommen werden, daß die Lunkerung in erster Linie von dem Unterschied der Außen- zur Innentemperatur des Stückes bei der Erstarrung abhängig ist. Das Perlitgußverfahren bringt nun auch in dieser Beziehung die günstigsten Bedingungen, und die nach ihm erzeugten Gußstücke zeichnen sich durch auffallend geringe Lunkerbildung aus.

Ebenso liegt auch die Herabminderung der Eigenspannungen in dem Wesen des Herstellungsverfahrens begründet.

Abb. 17 zeigt einen Vergleich von gewöhnlichem Maschinenguß mit Perlitguß. Es ist das Bruchgefüge von 80-mm-Probestäben veranschaulicht; aus den Stücken wurden Streifen bis zur Mitte reichend herausgeschnitten und an zwei Punkten — in der Mitte und am Rand — die Graphitverteilung in 30facher Vergrößerung und das Kleingefüge des gewöhnlichen Gußeisens in 125-, des Perlitgußeisens in 250facher Vergrößerung aufgenommen. Bei einem Vergleich der Bilder finden wir nun folgendes:

Das Bruchgefüge des Maschinengusses zeigt, vom Rand nach der Mitte zunehmend, viel gröberes Gefüge als dasjenige des Perlitgußeisens, das gleichmäßig feine Struktur über den ganzen Querschnitt besitzt. Durch die Graphitaufnahme wird diese Tatsache bestätigt.

Ebenso weist das Kleingefüge starke Unterschiede auf; beim Maschinenguß außer Graphit in großem Umfange und grober Verteilung Ferrit, Zementit, Perlit usw. in wechselnder Menge zwischen Rand und Mitte, beim Perlitgußeisen in feiner Verteilung geringe Graphitmengen, daneben nur lamellaren Perlit ohne Unterschied zwischen Rand und Mitte. Diese gleichmäßige Gefügebildung kann nur erreicht werden, wenn die Erstarrung über den ganzen Querschnitt gleichmäßig einsetzt und verläuft. Dies muß aber auch die Wirkung haben, daß die Erstarrung und Gefügebildung spannungsfrei und ohne Neigung zur Lunkerbildung verläuft. Die Erklärung für die günstigen Eigenschaften ergibt sich also ohne weiteres aus dieser Betrachtung. Auch das Raumgewicht wird durch diese Tatsache beeinflußt. Eine gleichmäßig über den ganzen Querschnitt verlaufende Erstarrung muß ein dichteres Gefüge im Gefolge haben. Eine Feststellung der Raumgewichte der von Prof. Bauer untersuchten drei Gußeisen ergab 7,10, 7,15 und 7,20, wodurch die Voraussetzung bestätigt wird. Ebenso ist es einleuchtend, daß ein nach dem Verfahren hergestelltes Perlitgußeisen gleichmäßigere Härte haben muß. Wir haben es nur mit Graphit und dem lamellaren Perlit zu tun. Unterschiede, wie sie durch die nestartige Verteilung des Graphits, das Hinzutreten des Ferrits, Zementits u. a. beim gewöhnlichen Gusse eintreten müssen, sind beim Perlitgußeisen nicht möglich.

Untersuchungen von anderer Seite haben ergeben, daß die Gefügebeständigkeit bei höheren Betriebstemperaturen von der Höhe des Siliziumgehaltes abhängig und das Gußeisen bei etwa 1% und darunter gefügebeständig ist. Die Gattierung des Perlitgußeisens hat derart geringe Siliziumgehalte zur Voraussetzung, daß es sich auch in dieser Beziehung sehr günstig verhält.

Bezüglich der Verschleißfestigkeit liegen, was auf Grund des Gefüges auch als selbstverständlich zu erwarten ist, die günstigsten Ergebnisse vor. Ich verweise beispielsweise auf die von der Firma Heinrich Lanz in Hamburg ausgestellten Zahnräder für Milchzentrifugen. Weitere, noch im Gang befindliche, zum Teil amtliche Versuche eröffnen in dieser Beziehung eine sehr weite Perspektive.

Als Anwendungsgebiete für das Perlitgußeisen lassen sich vier Gruppen aufstellen:

1. Bauteile, die auf Zug, Druck und Stoß beansprucht werden. Mit den höheren Festigkeitswerten kann leichter konstruiert werden, so daß an Eisen gespart wird.

2. Bauteile, die dem Verschleiß unterworfen sind.

3. Bauteile, bei denen es auf Dichtigkeit ankommt, wie Flüssigkeits- und Gasbehälter sowie Röhren.

4. Bauteile mit hohen Wärmebeanspruchungen, z. B. Motorzylinder und Zylinderdeckel.

Es würde den Rahmen meines Vortrages weit überschreiten, wollte ich auf Einzelheiten der Verwendungsgebiete eingehen. Ich will deshalb nur mit Bezug auf die von der Firma Lanz ausgestellten[1] Stücke erwähnen, daß Kolbenringwalzen in Perlit den geringsten Verschleiß aufweisen und ihre Härte im Stücke höchstens um einige Brinellgrade Unterschiede zeigt, daß die großen Lokomobilzylinder, also verhältnismäßig schwierige Stücke, ohne Lunkerbildung und Eigenspannung, ohne Anwendung eines verlorenen Kopfes gegossen werden. Stellwerkteile, die bisher im Temperguß hergestellt wurden, werden heute aus Perlitgußeisen gegossen. Die beiden größeren Zahnräder, von denen das größere das Treibrad, das kleinere das Antriebsrad für die Seilwinde eines 40-PS-Traktors ist, wurden früher aus geschnittenem Stahlformguß oder geschmiedetem Stahl hergestellt. Das viel billigere Perlitgußeisen tut dieselben Dienste, ist sogar im Gefüge dem Stahlformguß überlegen, da es aus einheitlichem Perlit besteht, während der Stahlformguß noch den weichen Ferrit aufweist.

Es ist selbstverständlich, daß der weitschauende Konstrukteur an kritischer Stelle nur den besten Werkstoff verwendet und dabei natürlich immer die Wirtschaftlichkeit im Auge behält. Ich verweise in dieser Beziehung auch auf den Aufsatz von Oberingenieur Seiffert, Wien („Maschinenbau", Heft 17) vom 26. Mai 1923). Auch in diesem Sinne ist für mich sicher, daß Perlitguß für alle Qualitätsarbeit eine unerläßliche Förderung werden wird.

Zum Schlusse möchte ich noch die Frage der Gußeisenprüfung streifen. Wir haben gesehen, daß das Gefüge für die Festigkeitseigenschaften erklärend und maßgebend ist. Hieraus ergibt sich meines Erachtens die Forderung, bei der Gußeisenprüfung das Gefüge zur Grundlage der Beurteilung zu machen. Wir gehen bis jetzt den umgekehrten Weg: wir schließen von der Festigkeitsprobe auf das Gefüge. Genügen die gefundenen Werte, so sind wir zufrieden; andern-

[1] Auf der gleichzeitig mit dem Vortrage in Hamburg veranstalteten Gießereifach-Ausstellung.

falls treten wir in eine Gefügeprüfung ein, um festzustellen, wodurch die ungenügenden Werte entstanden sind. Damit erkennen wir klipp und klar an, daß das Gefüge das Entscheidende ist. Es ist demnach nur folgerichtig, wenn wir von dem Gefügeausfall auf die Festigkeit schließen. Ich habe seither diesen Weg schon versucht, und es gelang mir, die Zugfestigkeiten bis auf 2 kg genau aus dem Gefüge zu bestimmen.

Nehmen wir die Gefügeuntersuchung als Grundlage an, so ergeben sich daraus sehr erhebliche Vorteile:

1. Die Untersuchung beansprucht geringsten Stoffaufwand, das Schliffstück kann dem Gebrauchsstück an maßgebender Stelle entnommen werden; es ist volle Sicherheit gegeben, daß in dem Schliffstück die gleichen Bedingungen und Gefügezustände wie im Gebrauchsstück vorhanden sind, und es wird nicht, wie bei angegossenen oder getrennt gegossenen Probestäben, unter Umständen ein ganz falsches Bild gewonnen.

2. Die Herstellung des Probestückes ist sehr einfach und billiger als die von Probestäben.

3. Die Gefügeprobe ist leicht aufzubewahren; die Untersuchung kann jederzeit wiederholt werden; sie ist eine bleibende Abschrift, die jederzeit mit der Urschrift, dem Gebrauchsstück, verglichen werden kann.

Die Durchführung der Aufgabe läßt sich z. B. so denken, daß man eine Anzahl Normalgefügebilder mit zugehöriger Festigkeit herstellt und sie als Maßstab benutzt. Es sei an dieser Stelle darauf verwiesen, daß in der Zeitschrift „The Foundry Trade Journal“, London, vom 7. Juni und 5. Juli im Anschlusse an die Besprechungen des Aufsatzes Bauer von englischer Seite ebenfalls die Forderung erhoben wird, das Gefüge des Gußeisens zur Grundlage seiner Klassierung zu machen.

An den Vortrag schloß sich folgende Aussprache:

Vorsitzender Dr.-Ing. Wedemeyer: In welchem Umfange ist die Durchführung des neuen Verfahrens möglich? Können z. B. große Gasmaschinenzylinder danach behandelt werden?

Sipp: Eine führende Gas- und Diesel-Motoren-Fabrik wendet das Verfahren an zur Herstellung von schwerem Zylinderguß bis zu 40 t bei Querschnitten bis zu 80 mm.

Oberingenieur Hammermann, Gummersbach: Angeregt durch die Veröffentlichungen von Bauer und Sipp habe ich versucht, ein Perlitgußeisen herzustellen in einer Zusammensetzung, wie es sonst nicht vergießbar ist. Ich wählte einen Siliziumgehalt von 0,89%, C = 3,36%, Mn = 0,7%, P = 0,24%, S = 0,23%, also ein Eisen, das sonst unter allen Umständen weiß erstarren würde. Dieses Roheisen habe ich nach dem Patent der Firma Lanz vergossen und dabei eine Zerreißfestigkeit von 25 kg, eine Durchbiegung von 2,45 mm bei 60 kg Biegefestigkeit[1] und eine Brinellhärte von 179 erzielt; das Gefüge war

[1] Der Biegestab hatte 22 mm Durchmesser und 200 mm Auflagerentfernung.

rein perlitisch. Es ist sehr zu begrüßen, daß man so in der heutigen Zeit aus einem schlechten Eisen gute Gußstücke herstellen kann.

Direktor Petin, Sarstedt: Es dürfte vielleicht interessant sein, zu erfahren, um wieviel sich der Guß verteuert und um wieviel die Wandstärken verringert werden können.

Sipp: Diese Frage kann heute noch nicht so allgemein beantwortet werden; sie muß von Fall zu Fall geprüft werden. Wir gehen mit unseren Wandstärken um etwa 25% herunter. Die Mehrkosten gegenüber anderem Guß betragen etwa 25%; diese werden aber glatt hereingeholt durch anderweitige Ersparnisse, z.B. an Gewicht, Fracht, Zöllen usw.

Regierungs- und Baurat Füchsel: Die Reichsbahn ist von Anfang an, als die Ergebnisse des Perlitgusses bekannt wurden, an deren Prüfung herangetreten. Wir haben seither in der Verwendung von Lagerteilen gute Erfolge überall da erzielt, wo die Gießereien nicht nur sich damit begnügen, die chemische Zusammensetzung einzuhalten, sondern auch die thermische Behandlung richtig zu leiten. Für die Reichsbahn kommen aus Perlitguß in Betracht z. B. die Feuerungsorgane der Maschinen, Kolbenschieber, Kolbenschieberringe usw., also solche Organe, bei denen es auf gleichmäßige Abkühlung ankommt. Die Anforderungen wurden bei allgemeinem Maschinenguß nicht erfüllt. Aus diesem Grunde wurden Großversuche angestellt, nicht nur im Laboratorium, sondern auch in der Praxis. Die Versuche haben eben erst begonnen; aber man kann heute schon sagen, daß die Abnutzung, die durch die Gewichtsabnahme bestimmt wird, wesentlich abgenommen hat. Nebenher gehen Gefügeuntersuchungen und vor allem die Beobachtung im Betrieb. Wir betrachten den Perlitguß als eine entscheidende und bedeutende Neuerung. Es kommt noch hinzu, daß wir vielleicht auch Perlitguß verwenden können für solche Teile, die länger in der Feuerung liegen, z. B. für Überhitzerfeuerkästen. — Im übrigen gibt es bei Gußeisen Grenzen in der Schweißbarkeit und ferner Schwierigkeiten, wenn der Graphit sich zu grob ausscheidet (Graphitit); ihre Beseitigung kann man vielleicht vom Perlitguß erhoffen.

Dr. Seiderheld: Der Vortragende führte aus, daß er für jeden Querschnitt eine bestimmte Gattierung und ein bestimmtes Abkühlungsverfahren vorschreibt. Wie verhält es sich da bei komplizierten Gußstücken mit verschiedenen Wandstärken? Kann da eine Verringerung der Wandstärken eintreten?

Sipp: Die Herstellung derartiger Gußstücke macht keine Schwierigkeiten. Mehrere solcher Gußstücke mit verschiedenen Querschnitten sind auf unserem Ausstellungsstand zu sehen.

Im Anschluß an den Vortrag übersendet uns[1]) Herr Oberingenieur Hammermann i. Fa. L. & C. Steinmüller, Gummersbach, in Ergänzung seiner obigen Ausführungen noch folgende Zuschrift:

Im Anschluß an die Ausführungen des Herrn Direktors Sipp über Perlitguß in Hamburg am 22. August 1923 gab ich meine Versuche be-

[1]) Die Schriftleitung der „Gießerei“.

kannt, die ich auf Grund meiner früheren Erfahrungen und den Veröffentlichungen von Sipp und Bauer bei der Firma L. & C. Steinmüller, Gummersbach, unternommen habe. Als Unterlage für eventuelle Veröffentlichung in der Zeitschrift möge Ihnen folgende Ausführung dienen:

Bei meinen Versuchen ging ich von der Absicht aus, für die Herstellung des Perlit-Gußeisens eine Gattierung zu wählen, die für normale Gußstücke ungeeignet ist, indem ich den Siliziumgehalt unter 1% und Schwefelgehalt über 0,2% einsetzte. Für den Versuch wurden kleine Kettenrädchen von 300 mm Durchmesser und etwa 10 mm Wandstärke, sowie Sektionskasten für Vorwärmerelemente von 18 mm Wandstärke gewählt. Der Guß aus dieser Gattierung hätte in einer gewöhnlichen getrockneten oder nassen Form unbedingt weiß erstarren müssen. Unter geeigneter Vorbehandlung der Gußform erhielt ich jedoch ein gut zu bearbeitendes Material mit vollständig grauem Bruchgefüge. — Zwei gleichzeitig unter denselben Bedingungen gegossene Probestäbe von 32 mm Durchmesser ergaben folgende Resultate:

Die Analyse war C = 3,36
Si = 0,86
Mn = 0,70
S = 0,23
P = 0,24

Die Zerreißfestigkeit der Stäbe wurde auf einer Maschine von Mohr & Federhaff, Mannheim, festgestellt und ergab 25 kg/mm^2. Die Brinellhärte wurde mit einer Meßdose von der gleichen Firma gemessen und ergab 179.

Die Biegeprobe wurde auf einer Maschine von Kircheis in Aue an einem Stab von 22 mm Durchmesser und 200 mm Auflageentfernung vorgenommen. Die Biegefestigkeit ergab 60 kg/mm^2 bei einer Durchbiegung von 2,5 und 2,8 mm.

Das Kleingefüge zeigte gleichmäßigen, lamellaren Perlit mit etwas Phosphor-Eutektikum ohne Ferrit. Der Graphit war in feiner Verteilung vorhanden. Graphitnester sowie Zementit fehlten ganz. Der Versuch wurde in der Gießerei von L. & C. Steinmüller, Gummersbach, vorgenommen. Das Eisen war im Kupolofen unter normalen Bedingungen erschmolzen.

Bemerkungen zum Perlitgußverfahren[1].

Von A. E. McRae Smith.

Bei Grauguß können bekanntlich am gleichen Stück Teile mit feinkörnigem und andre mit grobkörnigem Bruch vorkommen, ersteres dort, wo die Wandstärke gering, etwa ¼ Zoll (6 mm), und letzteres, wo sie größer ist, etwa 3 Zoll (75 mm). Besitzen aber die Stellen mit großer Wandstärke feinkörnigen Bruch, dann wird der Bruch an den Stellen mit geringer Wandstärke weiß und der Guß unbearbeitbar.

[1] Gekürzte Bearbeitung des in „The Foundry Trade Journal“ vom 1. Juli 1926 erschienenen Originalaufsatzes.

Dies ist darauf zurückzuführen, daß bei gewöhnlichem Grauguß die im Gefüge vorhandenen Mengen an Eisenkarbid (Zementit) an der Außenseite und im Innern des Gußstücks nicht gleich sind, sondern von außen nach innen abnehmen. Es kann geschehen, daß die dünnsten Querschnitte aus weißem, durchweg zementischem Eisen und Graphit bestehen, während in der Mitte der dicksten Querschnitte das andre Extrem erreicht wird, nämlich daß darin fast kein Eisenkarbid vorkommt, sondern nur ferritische Massen (reines Eisen) vorhanden sind, in denen große Graphitflocken eingebettet liegen.

Das weiße zementitische Eisen ist außerordentlich hart und spröde. Dagegen ist die ferritische Struktur der dicken Querschnitte weich und ohne Festigkeit.

Was anzustreben ist, ist die durchweg perlitische Struktur, aus abwechselnden Lagen von Ferrit und Zementit aufgebaut und insgesamt 0,9% Kohlenstoff enthaltend. Bei Verwendung kalter Formen ist diese Gefügeart nicht zu erreichen, sobald das Stück Querschnittsverschiedenheiten enthält.

Bei dem nach dem Lanz-Verfahren hergestellten Guß wird dagegen die perlitische Grundmasse erreicht, wobei die Graphiteinlagerungen über den ganzen Querschnitt selbst dickwandiger Stücke fast gleichmäßig verteilt sind. Dies ist leicht an Schliffen festzustellen, die aus verschiedenen Stellen der Querschnitte zylindrischer Körper von 5 bis 6 Zoll (120 bis 130 mm) Durchmesser entnommen sind. Daraus ist der Schluß zu ziehen, daß die Festigkeit des Perliteisens von außen bis zur Mitte gleichbleibt, eine Tatsache, die die einzig dastehenden physikalischen Eigenschaften des Perlitgusses für den Ingenieur überzeugend begründet.

Bei nach gewöhnlicher Art vergossenem hochwertigstem Grauguß kann ein am Gußstück angegossener Prüfstab von 1 Quadratzoll Querschnitt Zugfestigkeiten von 14 bis 16 Tons je Quadratzoll (22 bis 25 kg/cm²) ergeben. Entnimmt man aber den gleichen Prüfstab der Mitte eines Querschnitts von 5 Zoll (125 mm) Durchmesser, so geht die Festigkeit auf 6 bis 8 Tons je Quadratzoll (9,5 bis 12,5 kg/cm²) herunter

Die Tabelle S. 31 enthält hierfür Beispiele.

So zeigt der Prüfstab, der aus dem Deckel Abb. 18 unmittelbar entnommen wurde, nur geringe Zugfestigkeit bei Anfertigung in gewöhnlichem Grauguß (Gattierung LFC 528). Erheblich höher ist aber die Festigkeit, wenn der Zugstab aus der gleichen Gattierung getrennt gegossen ist. Im Gegensatz dazu ergibt der Prüfstab bei Anfertigung des gleichen Deckelstücks aus Perlitguß (*P* 5) gleiche Festigkeit, wenn er dem Stück selbst entnommen und wenn er getrennt gegossen ist (*P* 5*c*).

Dabei kann die chemische Zusammensetzung von *P* 5 nur als mittelgut bezeichnet werden, während LFC 528 folgende, recht hochwertige Analyse besitzt:

Si	1,70%
S	0,10%
P	0,62%
Mn	0,58%
C ges.	3,28%

Beide Gußstücke sind nach dem gleichen Modell hergestellt. Der Unterschied besteht nur darin, daß *P* 5 in heißer Form und LFC 528 in einer Form vergossen wurde, die Raumtemperatur hatte. Letztere Form war getrocknet, um für beide Gußstücke, abgesehen von der Formtemperatur, gleiche Verhältnisse zu schaffen. Mit Ammoniakdampf abgepreßt, zeigte der Graugußdeckel jedesmal trotz größter Vorsicht entstandene poröse Stellen, zurückzuführen auf die Querschnittverschiedenheit zwischen dem dicken äußeren Rand und dem dünneren gewölbten Innenteil.

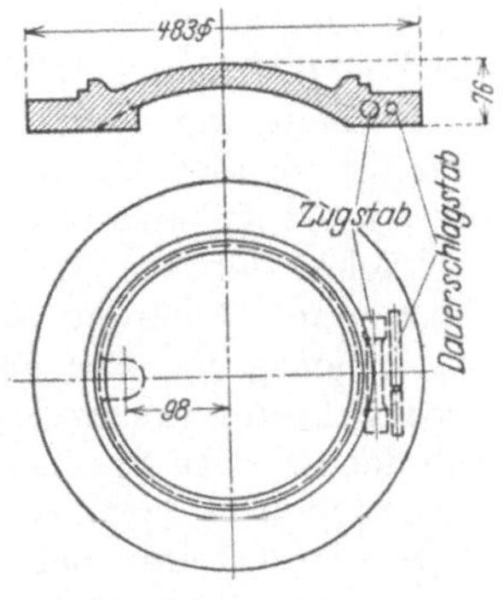

Abb. 18.

Vielleicht noch wichtiger ist aber, daß bei Perlitguß die Gefahr der **Lunkerung**, hervorgerufen durch ungleiche Zusammenziehung bei ungleichen Querschnitten, auf ein Mindestmaß zurückgeführt ist. Grenzen bei einem gewöhnlichen Graugußstück dünne Querschnitte an dicke, so erstarren die ersteren im Hinblick auf die große Verschiedenheit der Abkühlungsverhältnisse viel schneller. Dies hat zur Folge, daß der Zufluß des Metalls zu den dickeren Teilen des Stückes nicht imstande ist, den Volumverlust der durch das Zusammenschrumpfen entsteht, zu ersetzen. Daraus ergeben sich die so häufig vorkommenden gefährlichen Lunker- und porösen Stellen. Anders beim Perlitguß, wo die Verzögerung der Abkühlung ausgleichend wirkt.

In Anbetracht seiner vorzüglichen Mikrostruktur ist Perlitguß auch viel widerstandsfähiger gegen Stoß und ebenso gegen Wachserscheinungen bei wiederholter Erhitzung.

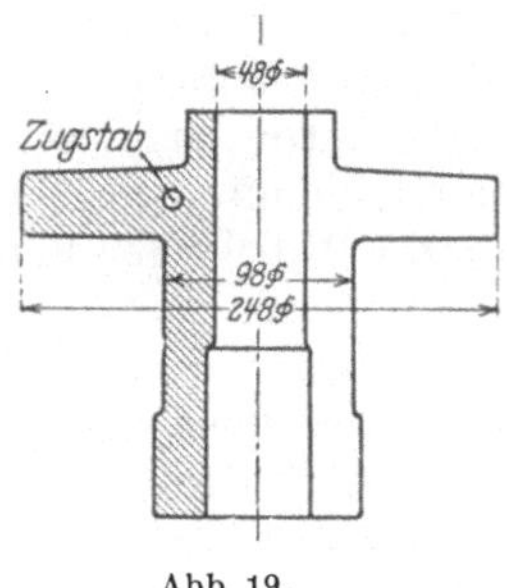

Abb. 19.

Bei der Herstellung des Perlitgusses kann auf folgende Arten vorgegangen werden:

1. Die Temperatur der Formvorwärmung wird dem Querschnitt angepaßt, während die Zusammensetzung (bei geringem Prozentsatz an Kohlenstoff und Silizium) unverändert bleibt. Je geringer die Masse oder der Querschnitt des Gußstückes ist, desto höher muß die Form vorgewärmt werden, bis zu etwa 500 ° C. Für ganz dünne Querschnitte liegt die zumeist vorkommende Vorwärmungstemperatur zwischen 300 und 450 ° C.

2. Es wird eine konstante Vorwärmungstemperatur verwendet, dagegen der Siliziumgehalt entsprechend der Masse des Gußstückes verändert.

3. Gleichzeitige Veränderung beider Faktoren.

Die Gattierung kann durch Zusätze von Gußbruch und Stahlschrott billig gestaltet werden. Manganzusätze wie gewöhnlich. Wo das Hauptgewicht auf Vermeidung des Wachsens gelegt wird, sollte der Phosphorgehalt möglichst niedrig bleiben, etwa unter 0,15%. Kommt es aber bloß auf hohe Festigkeit an, so hindert auch ein Phosphorgehalt bis 0,4% die Bildung guter Perlitstruktur nicht. Kohlenstoff sollte in der Gegend von 3% gehalten werden.

Mit solchen Gattierungen können Tag für Tag ohne irgendwelche Schwierigkeiten so gute Ergebnisse erreicht werden wie sonst nur mit hochwertigsten Roheisensorten. Die Gattierungskosten werden auf diese Weise für Perlitguß sehr niedrig; jedenfalls bleiben sie unter den Kosten für hochwertigen gewöhnlichen Grauguß.

Formen und Kerne werden wie gewöhnlich getrocknet. Sind sie durchgetrocknet, so werden sie zusammengesetzt in den Trockenofen gebracht und erwärmt. Diese Wiedererwärmung ist die einzige wirkliche Mehrausgabe bei dem Verfahren, vorausgesetzt daß auch sonst eine Trocknung der Formen vorgenommen wurde. In Fällen, wo früher grüne Formen verwendet wurden, sind natürlich noch die Trockenkosten hinzuzurechnen. In den nicht seltenen Fällen, wo Perlitguß hochwertige Spezialeisen, Temperguß und Stahlguß ersetzt, kommt er natürlich billiger als diese.

Schwierigkeiten bei Handhabung der heißen Formen und beim Guß sind nicht eingetreten. Die Formsandmischungen, die für getrocknete Formen sonst verwendet wurden, können auch für Perlitguß fast ohne Änderung benutzt werden, ebenso das Material für die Kerne und das Kernöl.

In England hat das Perlitverfahren in den letzten 6 Monaten viele Kritiker gefunden, eine Erscheinung, wie sie bei Einführung eines neuen Verfahrens zu erwarten ist. Man wird an die drei Etappen: Holzschiffe — eiserne Schiffe — Stahlschiffe erinnert. Auch der Verfasser war anfangs, als nur lückenhafte Einzelheiten in den Zeitschriften auftauchten, sehr skeptisch. Er bittet aber die Metallurgen und Gießereifachleute, den Perlitguß nicht zu kritisieren oder zu verdammen, ohne selbst vorher Versuche damit gemacht zu haben. In einem kürzlich erschienenen Aufsatz war der Verfasser so kühn, zu behaupten, es sei ganz unwahrscheinlich, daß Eisen, in heißer Form vergossen, einem in kalter Form vergossenen Eisen überlegen sein könne. Diese Behauptung wäre nicht ausgesprochen worden, hätte der Kritiker gesehen, was für Unterschiede sich ergeben, wenn eine Perlitgattierung aus der gleichen Pfanne einmal in heißen und das andere Mal in kalten Formen vergossen wird. Es scheint, daß ein Umstand leicht vergessen wird, daß nämlich Sand bei einer Temperatur von 400° C die Wärme sehr schlecht leitet, daher die Abkühlung in solchen Sanden außerordentlich langsam vor sich geht. Kleine Gußstücke, im Formkasten mit heißem Sand gelassen, waren noch nach 18 Stunden zu heiß, um angefaßt werden zu können.

Unzweifelhaft ist noch viel Forschungsarbeit zur vollständigen Klärung der Vorgänge beim Perlitverfahren nötig. Bisher ist dazu erst der Anfang gemacht. Es steht aber fest, daß der Perlitguß schon in der heutigen Form Tag für Tag mit gleichförmig gutem Ergebnis und durchgängig perlitischer Struktur erhalten und immer wieder erhalten wird.

Versuche mit Perlitguß im Vergleich zu gewöhnlichem Guß.

Geprüftes Stück		Prüfstab	Zugfestigkeit Stabquerschn. = 1 Quadratzoll		Biegefestigkeit[1]				Dauerschlag[2] (Bärgew. 2 Pfd., Fallhöhe 1½ Zoll) Schlagzahl	Brinellhärte
					Bruchlast		Durchbiegung			
Bezeichnung und Gattungs-Nr.	Werkstoff		Tons/ Quadr.-Zoll	kg/cm²	Engl. Pfund	kg	Engl. Zoll	mm		
P 1 *b*	Perlitguß	Getrennt gegossen	—	—	3900	1765	0,16	4,60	10662	187
P 3 *g*	Perlitguß	Getrennt gegossen	21,4	33,2	3950	1788	0,12	3,05	7148	207
P 4 *b*	Perlitguß	Getrennt gegossen	18,9	29,3	4100	1856	0,15	3,92	7156	196
P 5 *c*	Perlitguß } Aus gleicher Pfanne	Getrennt gegossen	18,2	28,2	4400	1990	0,14	3,56	—	207
Deckel *P* 5 (Abb. 18)	Perlitguß } Aus gleicher Pfanne	Aus Gußstück entnommen	18,4	28,5	—	—	—	—	7448	187
Deckel LFC 528 (Abb. 18)	Gewöhnl. Grauguß (Zylinderguß)	Aus Gußstück entnommen	10,2	15,8	—	—	—	—	242	241
LFC 528	Dgl.	Getrennt gegossen	15,6	24,2	3200	1450	0,07	1,78	—	241
P 4 *f*	Perlitguß } Aus gleicher Pfanne wie *P* 4 *b*	Getrennt gegossen	18,9	29,3	4100	1857	0,16	4,60	9882	179
Deckel *P* 4	Perlitguß } Aus gleicher Pfanne wie *P* 4 *b*	Aus Gußstück entnommen	—	—	—	—	—	—	—	155—187
P 4 *c*	Perlitguß } Aus gleicher Pfanne wie *P* 4 *b*	Getrennt gegossen	—	—	4350	1970	0,15	3,92	{6868 6845}	187
Stopfbüchse *P* 2 (Abb. 19)	Perlitguß	Aus Gußstück entnommen	17,4	27,0	—	—	—	—	—	187
P 2 *x*	Perlitgußgattierung in kalter Form	Getrennt gegossen	Unbearbeitbar		Weiß 2800	1270	0,04	1,02	—	387
P 2 *y*	Dgl.	Getrennt gegossen	Unbearbeitbar		Weiß 2750	1246	0,03	0,76	—	387
LFC 529	Hochwert. Grauguß 1,5—1,6% Si u. 0,6% P	Getrennt gegossen	15,2	23,6	3250	1470	0,08	2,03	994	241
LFA 548	Weicher Grauguß 2—2,2% Si und bis zu 1% P	Getrennt gegossen	12,3	19,1	2950	1336	0,09	2,28	296	207
LFA 547	Weicher Grauguß 2—2,2% Si und bis zu 1% P	Getrennt gegossen	11,3	17,5	2800	1268	0,06	1,52	112	196
LFA 550	Weicher Grauguß 2—2,2% Si und bis zu 1% P	Getrennt gegossen	11,8	18,3	3150	1426	0,08	2,03	180	207

[1] Der Biegestab (unbearbeitet) hatte 1 engl. Quadratzoll Querschnitt, 14 Zoll = 356 mm Länge und 12 Zoll = 305 mm Stützweite.

[2] Die Dauerschlagprobe wurde an Normalstäben nach Eden Foster durchgeführt, ½ Zoll = 12,7 mm im Durchmesser mit Kerbe (Halbkreis von 0,05 Zoll = 1,27 mm Radius).

Unsere Gießerei[1] erzeugt gegenwärtig drei Sorten von Perlitguß mit Siliziumgehalten von 0,5 bis 1,3%. Der letztere wird nur für Guß stücke mit Wandstärken unter ⅓ Zoll (8 mm) verwendet; für Gußstücke von ¾ Zoll (18 mm) bis 2 Zoll (50 mm) Wandstärke wird 0,7 bis 0,85% Silizium genommen. Die Formtemperatur wird entsprechend der Masse der einzelnen Gußstücke eingestellt.

(Deutsche Bearbeitung von Meyersberg.)

Versuche mit Perlitguß[2].

Von Bernard Buffet und Alphonse Roeder.

Die Festigkeitseigenschaften des Perlitgusses können durch die allen Gießereifachleuten bekannten Prüfverfahren ermittelt werden. Wir möchten jedoch die besondere Aufmerksamkeit auf eine Prüfungsart lenken, die leider noch wenig in die Praxis eingedrungen ist, trotzdem sie große Bedeutung besitzt: die Dauerschlagprobe.

Wir führen diese Prüfung mit einer Einrichtung aus, die folgende Abmessungen aufweist:

Bärgewicht: 12 kg.

Versuchsstab: 45 mm Durchmesser, Länge 200 mm.

Stützweite: 160 mm.

Fallhöhe: 250 mm.

Schlagzahl in der Minute: 60.

Nach jedem Schlag wird der Prüfstab um 180° gedreht.

Vergleichen wir den Dauerschlagversuch mit dem Pendelschlagversuch nach Charpy, so ist zunächst an die bekannte Tatsache zu erinnern, daß letzterer eine Integration der Festigkeitskurve (vgl. Abb. 20) durchführt. Er erzielt die Totalsumme der Arbeit, die für den Bruch nötig ist. Wir fassen nun den Punkt E ins Auge, der der Elastizitätsgrenze entspricht. Um diesen Punkt zu erreichen, ist eine Arbeit L erforderlich.

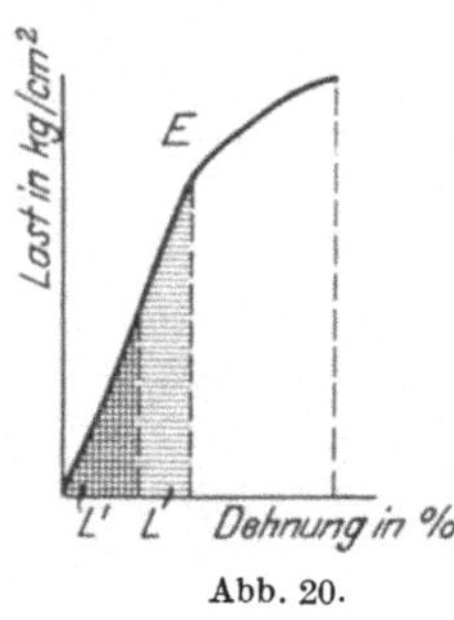

Abb. 20.

Läßt man nun auf das Versuchsstück eine Arbeit L' wirken, die kleiner ist als L, so dürfte diese nach der Theorie niemals zum Bruch führen. In Wirklichkeit bricht aber das Versuchsstück trotzdem nach einer bestimmten Anzahl von Schlägen.

Die Erklärung kann nur darin gefunden werden, daß der Stoff nicht vollständig homogen ist und daß bei der Beanspruchung, die darauf ausgeübt wurde, an einzelnen Stellen die Elastizitätsgrenze bereits überschritten wurde, während sie an anderen trotz gleicher Beanspruchung lange noch nicht

---

[1] J. & E. Hall, Limited.

[2] Entnommen aus: „La fonte perlitique“ von B. Buffet und A. Roeder (Bulletin de la Société Industrielle de Mulhouse, Novembre 1925. Mulhouse).

erreicht war. Daraus folgt, daß schon eine gewisse Arbeitsmenge im Stück aufgezehrt sein muß. Als Folge davon tritt dann nach einer gewissen Anzahl von Schlägen Bruch ein.

Diese Theorie wird durch die Praxis bestätigt, da die Stoffe um so höhere Dauerschlagzahl ergeben, je homogener sie sind, selbst bloß mit freiem Auge beurteilt. Nachstehende Tabelle beweist dies:

Art des Gußeisens	Anzahl der Schläge, nach denen der Bruch erfolgte (Durchschnittswerte)	
	Stab roh	Stab bearbeitet
Gewöhnlicher Grauguß	21	17
Riemenscheibenguß	28	24
Zylinderguß	63	81
Perlitguß	502	610

Die Schlagzahl, bei der der Perlitguß brach, beträgt mithin das 8 fache der für Zylinderguß erforderlichen.

Für die praktische Beurteilung ist dieser Versuch sehr interessant, denn er entspricht gut den Verhältnissen, unter denen das Gußeisen tatsächlich zu arbeiten hat. Von den durch Festigkeitsversuche ermittelten Zugfestigkeitszahlen, die manchmal sehr hoch liegen (bis zu 30 und 35 kg), wird bei Festigkeitsberechnungen für Gußeisen niemals Gebrauch gemacht. Man rechnet allgemein nur mit 1 bis 2 kg, also mit ganz außergewöhnlich hoher Sicherheit. Der Grund liegt in der Notwendigkeit, sich beim Gußeisen gegen die große Ungleichmäßigkeit des Materials und gegen die Gußspannungen sichern zu müssen. Eine Gußeisenart, die in diesen beiden Beziehungen einen Fortschritt bringt, muß daher jeder anderen Gußeisensorte überlegen sein.

Zugversuch: Nach dem über den Dauerschlagversuch Gesagten ist es wohl nicht nötig, zu bemerken, daß wir dem Zugversuch bei der Untersuchung des Gußeisens gar keine Bedeutung beilegen.

Es ist leicht, hohe Ziffern der Zugfestigkeit zu erhalten, wenn man die Abmessungen der Prüfstäbe geschickt wählt. Man kann auf diese Weise 30 kg bekommen. Aber diese hohe Zahl bedeutet nichts, wenn die Prüfstäbe getrennt gegossen sind und die Möglichkeit von Gußspannungen, sowie die Ungleichmäßigkeit des Materials dazu nötigen, eine abnorm hohe Sicherheitsgrenze zu nehmen. Schon ein geringes Maß von Aufrichtigkeit führt daher zu dem Eingeständnis, daß die hohen Festigkeitsziffern vom praktischen Standpunkt aus ohne Bedeutung sind.

Beim Perlitguß aber hat man es mit einem Material zu tun, bei dem nicht nur die Bruchfestigkeit, sondern auch die zur Herbeiführung des Bruches nötige Arbeit gegenüber anderen Gußeisensorten erheblich erhöht ist. Vor allem aber gestattet seine Homogenität, den Sicherheitsgrad ganz erheblich herunterzusetzen.

Verschleißfestigkeit: Der Perlitguß hat hervorragenden Verschleißwiderstand. Wir haben dies in der Praxis festgestellt bei Rädern von Sandaufzügen und bei Exzentern von Rüttelsieben. Außerdem haben wir im Laboratorium Verschleißversuche vorgenommen, wobei wir die Oberflächen zweier Versuchsstücke aus gleichem Stoff trocken gegeneinander schleifen ließen. Der Versuch wurde mit 110 Hüben in der Minute durchgeführt. Versuchsstücke aus Zylindereisen verloren bei einer Berührungsfläche von 58,75 cm² in 32 Stunden 10 g; dagegen war bei den Versuchsstücken aus Perlitguß unter gleichen Bedingungen bei gleicher schleifender Oberfläche in 180 Stunden nur ein Verlust von 7 g festzustellen.

(Übertragung aus dem Französischen von Meyersberg.)

Zweite Reihe

Der Perlitguß in der praktischen Verwendung[1].

Von Dipl.-Ing. Gustav Meyersberg, Berlin.

Im nachstehenden soll festgestellt werden, wieweit die Vorzüge, die dem Perlitguß bei seinem Erscheinen zugesprochen wurden, in der Praxis Bestätigung gefunden haben.

Festigkeit.

Zahlenmäßig am sichersten zu erfassen sind die Festigkeitseigenschaften. Die Bauersche Arbeit in den Mitt. Materialpr.-Amts Berlin-Dahlem 1922[2] brachte dazu einen Vergleich zwischen

1. gewöhnlichem Gußeisen G, entsprechend etwa der Güteklasse Ge 14,91 des Dinormblattes 1691,
2. sogenanntem Zylindereisen Z, entsprechend etwa der Güteklasse Ge 18,91 des Dinormblattes 1691, und
3. Perlitguß P.

Wird der für G ermittelte Durchschnittswert = 1 gesetzt, so ergab sich als Verhältnis $G:Z:P$

für die Biegefestigkeit 1:1,41:1,78,
für die Durchbiegung 1:1,24:1,65,
für die Zugfestigkeit 1:1,44:1,92.

Hierbei ist nicht außer acht zu lassen, daß bei Gußeisen sowohl der Biege- als auch der Zugversuch Streuungen aufweisen, die allerdings um so geringer ausfallen, je hochwertiger das Gußeisen ist. Bei Perlitguß sind sie demnach geringer als bei gewöhnlichem Grauguß. Die damals für Perlitguß ermittelten Werte der Biegefestigkeit mit 50,9 kg/mm² bei 14 mm Durchbiegung und der Zugfestigkeit mit 28 kg/mm² haben sich auch in der Praxis bestätigt.

Dem Konstrukteur bietet die Erhöhung der Festigkeit die Möglichkeit, entweder die Abmessungen gegenüber der früheren Ausführung in Grauguß herabzusetzen oder erhöhte Sicherheit gegen Bruch zu gewinnen.

[1] Mit Zugrundelegung der in Z. V. D. I. 1927, S. 1427 erschienenen Arbeit des gleichen Verfassers: „Entwicklung des Perlitgusses“.

[2] Zum Abdruck gebracht auf S. 5; vgl. auch Stahleisen 1923, S. 553 und Gieß. 1923, S. 377.

Die Dimensionsverringerung findet eine Grenze in allen Fällen, wo die Wandstärke unter ein gewisses geringstes Maß nicht gebracht werden darf, sei es, daß gießereitechnische oder andere außerhalb der Festigkeitsbeanspruchung liegende technische Gründe, etwa die Vorschrift eines Mindestgewichts, maßgebend sind. Nicht selten kommt es aber vor, daß die geringere Bemessung aus Gründen unterbleibt, die außerhalb des Technischen liegen. Die Scheu vor den Kosten der Änderung, insbesondere der Modelle, scheint manchmal unüberwindlich, oder auch nur die Scheu vor der Unbequemlichkeit, die jede Art Abänderung mit sich bringt! Und doch kann die Auswertung der höheren Festigkeit ganz durchschlagende Vorteile bringen, unterstützt durch den Umstand, daß beim Edelguß (Perlit) erheblich höhere Treffsicherheit zu erreichen ist.

So ist es der Druckereimaschinen-Fabrik Bohn & Herber, Würzburg, gelungen, ihre Erzeugnisse auf diese Weise stark im Gewicht zu ermäßigen und trotzdem noch eine Erhöhung der Beanspruchungsmöglichkeit zu gewinnen. Als Beispiel sei ein Schnellpressenzylinder angeführt, der früher mit besonderer Stahlachse hergestellt wurde, während bei der jetzigen Ausführung in Perlitguß die Wellenenden angegossen werden. Die Folgen sind Gewichtsersparnis, Erhöhung der Sicherheit und Vereinfachung der Herstellung. Auch die Grundgestelle dieser Druckereimaschinen sind in der neuen Perlitgußausführung wesentlich leichter gehalten. Ebenso konnte bei den Zahnrädern an Gewicht gespart werden; ihr Modul wurde erheblich herabgesetzt. Lediglich die Karren der Druckmaschinen wurden in den Abmessungen nicht geändert. Dafür ist aber die Beanspruchung bei der jetzigen Ausführung gegen früher stark vermindert.

Zähigkeit.

Vielleicht noch bedeutungsvoller als die Erhöhung der Bruchfestigkeit ist aber die Verbesserung einer Eigenschaft, die beim alten Grauguß besonders viel zu wünschen übrig ließ, der Zähigkeit und der Widerstandsfähigkeit gegenüber Schlag und Stoß. Schon in der Erhöhung der Durchbiegung bei der Biegeprobe spricht sich die größere Zähigkeit aus. Bauer stellte für die Durchbiegung[1] des Perlitgusses Werte bis zu 17,5 mm fest, während sie bei Grauguß unter 10 mm blieb. Im Durchschnitt ergab sich für den Perlitguß eine Verbesserung um 65%. Noch deutlicher zeigt sich aber die Überlegenheit der Zähigkeit und die große Widerstandsfähigkeit gegenüber wechselnden, stoßweisen Beanspruchungen bei der von Bauer erstmals für Gußeisen verwendeten Dauerschlagprobe. Die Schlagzahl, nach der der eingekerbte Perlitstab brach, betrug bei den Bauerschen Versuchen das 15fache gegenüber Grauguß und das 3½fache gegenüber Zylindereisen.

Vielleicht noch augenfälliger ist ein Versuch, der zuerst von L. & C. Steinmüller, Gummersbach, an Perlitgußstücken vorge-

[1] A. a. O. Tab. 2 auf S. 11.

nommen wurde. Ein wandartiger Konstruktionsteil hatte bei der früher üblichen Herstellung in Grauguß vielfach zu Rißbildungen Veranlassung gegeben, wozu außer der allgemeinen Sprödigkeit des Stoffes auch noch die Gußspannungen beitrugen, zu denen das Stück neigte. Um einen Vergleich der neuen Ausführung in Perlitguß gegenüber der älteren zu gewinnen, wurde das Stück an der durch die Rißbildung besonders gefährdeten Stelle mit schweren Zuschlaghämmern bearbeitet. Während das Graugußstück nach zwei bis drei Schlägen brach, genügten 55 Schläge noch nicht, um bei dem Perlitgußstück die ersten Anzeichen eines beginnenden Bruches hervorzurufen, und dies, trotzdem die Wandstärke von 15 mm auf 12 mm herabgesetzt war. In allen Fällen, wo betriebsmäßig Stoß- und Schlagbeanspruchungen, Vibrationen u. dgl. vorkommen, bei Teilen von Fördermitteln, Kraft- und Eisenbahnwagen, Elektrokarren, Pressen, Hämmern u. dgl. m. treten diese Eigenschaften in den Vordergrund. Der in Abb. 21 dargestellte Bock für Schaltschützen zu Wechselstrom-Lokomotiven hielt einer Dauerprüfung von 750000 Schaltungen, entsprechend einer Lebensdauer von 25 Jahren, ohne Schädigung stand und zeigt sich dadurch der früheren Ausführung in Temperguß weit überlegen.

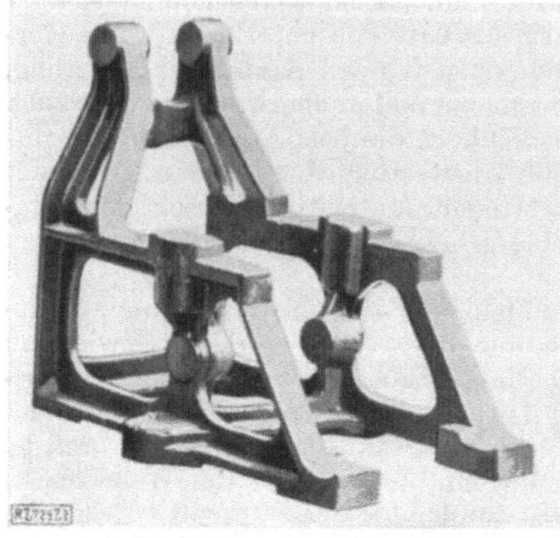

Abb. 21. Bock für Schaltstützen auf elektrischen Lokomotiven, früher in Temperguß hergestellt.

Bearbeitbarkeit.

Die Verbesserung der Festigkeitseigenschaften wäre im Wert sehr herabgesetzt, wenn damit eine Erhöhung der Härte Hand in Hand ginge, wie erwartet werden könnte. Für den Perlitguß besonders kennzeichnend ist, daß dies nicht der Fall ist. Die weitgehende Ausreifung des Gefüges, die sich bei der Durchführung des Verfahrens ergibt, spricht sich auch darin aus, daß der Gefügebestandteil, der für die Härte des Gußstückes in erster Linie maßgebend ist, nicht in Erscheinung tritt. Dieser Gefügebestandteil ist das Eisenkarbid (Fe_3C), „Zementit". Sein Vorherrschen ist die Ursache für das weiße Bruchaussehen, womit hohe, die Bearbeitung hindernde Härte und Sprödigkeit gleichbedeutend ist. Beim Perlitguß tritt aber dieser Gefügebestandteil nicht auf. Wir haben es nur mit dem Perlitgefüge zu tun, das bei mäßiger Härte höchste Festigkeit gewährleistet.

Abb. 22 zeigt eine Kolbenringwalze, an der die Brinellhärten, wie sie an den verschiedenen Stellen festgestellt wurden, vermerkt sind.

Daran ist nicht nur die Größenordnung der Härtezahlen bemerkenswert, die ein für Werkstattzwecke bequemes Maß aufweisen, sondern auch die Geringfügigkeit der Abweichungen, die zwischen ihnen in verschiedenen Höhenlagen und an verschiedenen Stellen bestehen.

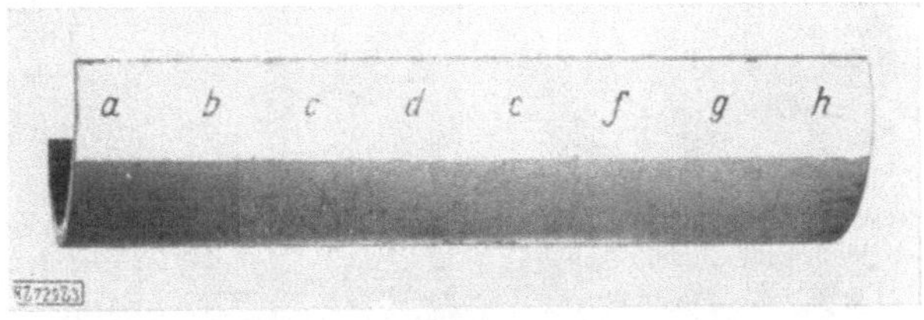

Abb. 22. Brinellhärte einer Kolbenringwalze aus Perlitguß.
a 183, *b* 181, *c* 179, *d* 179, *e* 180, *f* 181, *g* 183, *h* 185.

Die leichte Bearbeitbarkeit ist für die Praxis von größter Wichtigkeit und bedeutet auch dem Stahlguß gegenüber einen Vorteil.

Ein Stück, das dafür als Beispiel dienen kann, ist in Abb. 23 wiedergegeben. Es ist dies ein Getriebekasten für Raupenschlepper, der früher in Stahlguß ausgeführt wurde, in dieser Ausführung aber wenig befriedigte. Bei den verhältnismäßig dünnen Wandstärken und den geringen Spielräumen zwischen Wand- und Getriebeteilen gab es viel Nacharbeit, vielfach auch Ausschuß wegen Verziehungen und Lunkerbildung. Die Dichtungsflächen an den Teilfugen fielen oft unsauber aus und waren wegen großer Härte häufig schlecht zu bearbeiten. Bei der Ausführung in Perlitguß sind alle diese Beschwerdepunkte weggefallen. Der Ausschuß ist auf ein Mindestmaß heruntergegangen. Das Aussehen ist einwandfrei, die Bearbeitung bequem, so daß die ausführende Firma nicht nur bei diesem Stück, sondern auch bei zahlreichen anderen Stücken, für die bisher Stahlguß verwendet wurde, zum Perlitguß übergegangen ist, damit auch erhebliche Verbilligung erreicht hat.

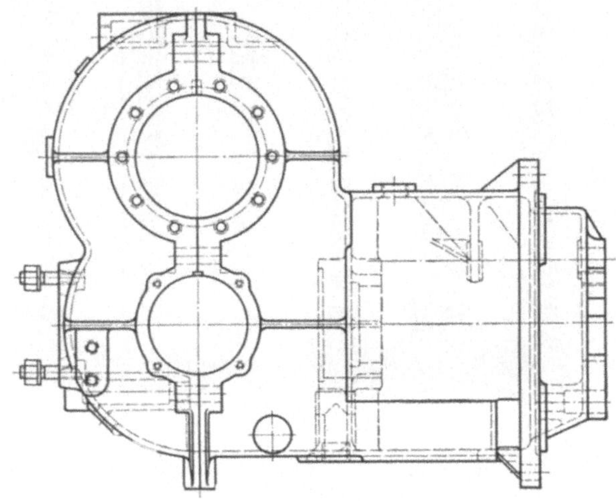

Abb. 23. Getriebekasten für Raupenschlepper, ergibt vorteilhafte Ausführung in Perlitguß statt in Stahlguß.

Spannungsfreiheit.

Der Werkstatt ebenso unwillkommen wie harte, unbearbeitbare Stellen sind Gußspannungen. Sie treten häufig erst zutage, wenn das Gußstück schon bearbeitet und die Ausgabe für die Bearbeitung bereits entstanden ist.

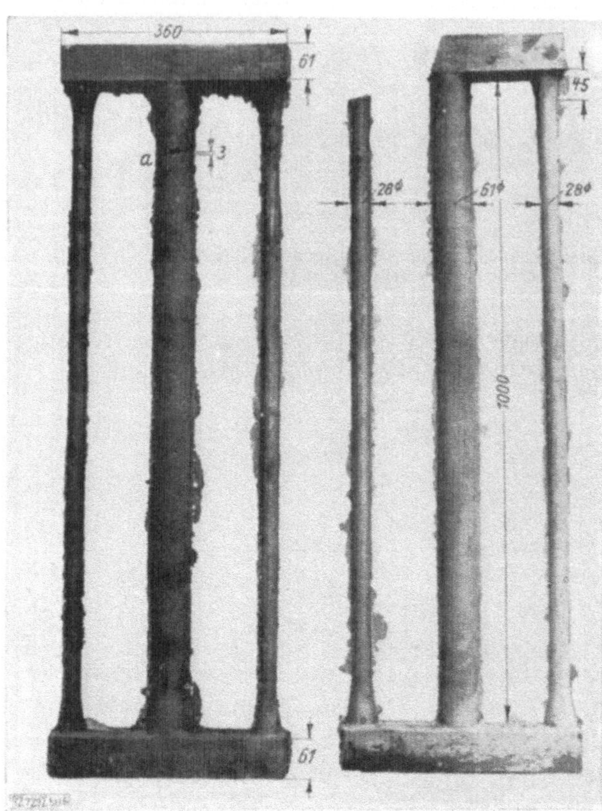

Perlitguß. Grauguß.
Abb. 24 und 25. Gitterstück.

Die Regelung der Abkühlungsgeschwindigkeit beim Perlitguß wirkt auf Ausgleich und Milderung der Ursachen für die Spannungen hin[1]. Planmäßige Versuche von P. Bardenheuer und C. Ebbefeld[2] über die Schwindvorgänge brachten eine volle Bestätigung dieser Vorteile.

Das als Beispiel für die Zähigkeit erwähnte wandartige Stück der Firma Steinmüller kann auch für die beim Perlitguß erreichte Spannungsfreiheit als Beispiel dienen.

Zur unmittelbaren Feststellung der Spannungsverhältnisse wurde ein Gitterstück von den zur Studiengesellschaft für Veredelung für Gußeisen gehörenden Gießereien einmal in Perlitguß (Abb. 24) und in Grauguß (Abb. 25) abgegossen. Es ist gekennzeichnet durch die großen Unterschiede in den Querschnitten der einzelnen Gitterstäbe. Bei der Ausführung in Normal-Maschinenguß (Abb. 25) sprangen sämtliche Stücke bereits beim Erkalten in der Form. Bei der Ausführung in Perlitguß (Abb. 24) blieben sie ganz. Nach Anbohrung an den mit *a* bezeichneten Stellen (Abb. 24) trat ganz geringe Klaffung ein.

[1] Vgl. Geiger: Handbuch der Eisen- und Stahlgießerei I. S. 363, 2. Aufl. Berlin: Julius Springer 1925.

[2] Gieß.-Zg. 1925, S. 454 und Stahleisen 1925, S. 825 u. 1022.

Gleichmäßigkeit des Gefüges.

Die Beherrschung der Abkühlgeschwindigkeit hat nicht nur die weitgehende Ausreifung des Gefüges zur Folge, sondern auch seine große Gleichmäßigkeit an den verschiedenen Stellen des Gußstückes. Der Körper einer Stopfbüchse (Abb. 26 bis 30) der außerordentliche Verschiedenheit der Wandstärken aufweist, wurde durchschnitten, um von den mit *a*, *b*, *c* und *d* bezeichneten Stellen Schliffproben (Abb. 27 bis 30) zu liefern. Die Abbildungen zeigen die überraschende Gleichmäßigkeit trotz der großen Verschiedenheit der Wanddicken.

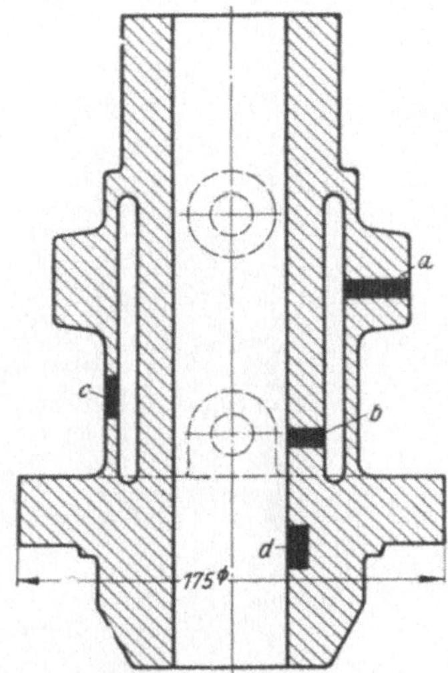

Abb. 26. Körper einer in Perlitguß ausgeführten Stopfbüchse. *a*, *b*, *c*, *d* Stellen, an denen die Schliffproben Abb. 27 bis 30 entnommen wurden.

Auch die als Beispiel für die gleichmäßige Härte bereits erwähnte Kolbenringwalze (Abb. 22) beweist die Gleichmäßigkeit des Gefüges, da diese ja auch Voraussetzung für die Gleichmäßigkeit der Härte sein muß.

Auffallend ist bei Perlitgußstücken der reine Klang, den sie, geeignet aufgehängt, beim Anschlagen mit dem Hammer ergeben. Es ist daher möglich, aus Perlitguß gut klingende Glocken herzustellen. Der Klang von Glocken aus gewöhnlichem Grauguß ist dagegen unrein und in der Tonhöhe nur unsicher bestimmbar, ein weiterer Beweis, daß Perlitguß ein in seiner ganzen Struktur gleichmäßig durchgebildeter Baustoff ist.

Lunkerfreiheit.

Zu den bedenklichsten Erscheinungen, die bei Gußstücken auftreten können, gehören die Lunkerungen. Sie sind nicht nur eine erhebliche Ausschußursache, sondern können auch, zu spät bemerkt, zu Brüchen führen. Ihre Entstehung[1] ist auf die Verschiedenheit des spezifischen Volumens beim flüssigen und beim erstarrenden Metall zurückzuführen. Ist die Schmelze an einzelnen Stellen noch flüssig und an anderen schon in der Erstarrung begriffen, so können Hohlräume entstehen, die Lunker. Ebenso wie das Perlitgußverfahren die Entstehung der Gußspannungen unterdrückt, hat es sich aber auch als sehr wirkungsvolles Mittel zur Unterdrückung der Lunker erwiesen. Abb. 31 zeigt ein Stück in Form eines „K", das, in gewöhnlicher Weise vergossen, regelmäßig zur Ausbildung eines mehr oder minder kräftigen Lunkers in der Nähe des Knotenpunkts führt. Er tritt nicht auf, wenn der Guß nach dem Perlitgußverfahren erfolgt

[1] Vgl. Irresberger in Geiger: Handbuch der Eisen- und Stahl-Gießerei I, S. 331, 2. Aufl. Berlin: Julius Springer 1925, auch Sipp und Bauer: „Schwinden und Lunkern des Eisens" in Stahleisen 1913, S. 675 und 1921, S. 888.

(Abb. 31). Mit der Lunkerfreiheit im Zusammenhang steht die Erscheinung, daß man bei Perlitguß ohne oder mit wesentlich kleinerem verlorenen Kopf auskommen kann als bei gewöhnlichem Guß.

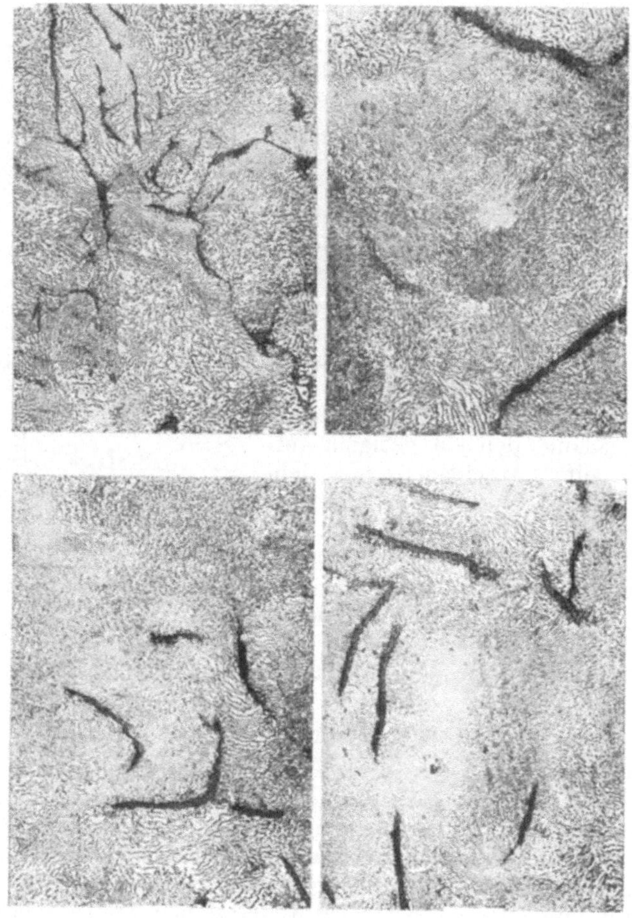

Abb. 27 bis 30. Schliffbilder von den Stellen *a* bis *d* im Maschinenteil.

Dichtheit.

Ebenso wie vor Lunkern schützt das Perlitgußverfahren auch vor der Bildung kleinerer Blasen, wie sie beim gewöhnlichen Guß häufig auftreten. Die große Dichtheit des Gusses erklärt sich durch die Gleichmäßigkeit, Ausreifung und Feinkörnigkeit des Gefüges. Die Dichte ist besonders für die Fälle von Bedeutung, in denen das Gußstück zur Aufnahme von hochgespannten Flüssigkeiten oder Gasen dient. Hierher gehören Rohrleitungen, Krümmer u. dgl. m., ferner sehr zahlreiche Anwendungen bei Dampfmaschinen und Verpuffungsmotoren, insbesondere

Dieselmotoren. Ebenso haben sich Preßpumpenkörper, die früher in Stahlguß nicht dicht hergestellt werden konnten, in Perlitguß hergestellt, als tadellos erwiesen.

Abb. 32 zeigt Zylinder-Einsatzbüchsen für Schiffs-Dieselmotoren, die ebenso wie die zugehörigen Kolben in Perlitguß reihenweise ausgeführt

Abb. 31. K-Stück.
a Form des Versuchstückes, *b* Bruchprobe von Grauguß mit Lunker, *c* Bruchprobe von Perlitguß ohne Lunker.

werden. An den Stellen *a* und *b* sind Probestäbe für Zugversuche, *c* und *d* solche für Biegeversuche angegossen. Zugfestigkeiten bis zu 33 kg/mm² wurden bei einer Brinellhärte zwischen 190 und 205 festgestellt. Die größten bisher hergestellten derartigen Büchsen (für Hochofengas-Maschinen) erreichen ein Rohgewicht von 6500 kg bei 2700 mm Länge, 950 mm Durchmesser und 70 mm Wanddicke.

Abb. 32. Zylinder-Einsatzbüchsen für Schiffs-Dieselmotoren. Rohgewicht 830 kg, Rohgewicht des zugehörigen Kolben 385 kg.
a und *b* Entnahme der Probestücke für die Zugversuche, *c* und *d* angegossene Stäbe für die Biegeversuche.

Ein weiteres Gebiet, für das die Dichtheit des Gusses wichtig ist, sind die Verteilerkästen der Rauchgasvorwärmer. Sie werden aus Perlitguß hergestellt, um den gesteigerten Anforderungen genügen zu können, die an den Vorwärmerbau durch die fortgesetzte Erhöhung der Betriebsdrücke gestellt werden, und um sie gegen das Einpressen der Rohrkonusse widerstandsfähiger zu machen. Die Firma L. & C. Steinmüller, Gummersbach hat darüber in der Z. V. D. I. 1924, S. 609 berichtet[1]. Die Vorwärmerelemente, die unter Verwendung von Perlitguß gebaut werden, halten Betriebsdrücke von 150 Atmosphären aus. Im Zeitraum von vier Jahren sind Hunderte von Vorwärmern mit Perlitguß-Sammelkästen ausgerüstet worden, die sämtlich einwandfrei in Betrieb sind.

[1] Vgl. S. 46.

Steinmüller führt auch Rippenheizrohre in Perlitguß aus. Bei diesen Stücken, deren Flansch 30 mm und deren Rohrkörper 11 mm stark ist, wobei die Rippen bis auf 2 mm auslaufen, zeigt sich deutlich, daß auch bei großen Querschnittsunterschieden mit dem Lanz-Perlitverfahren einwandfrei gearbeitet werden kann. Die Rippenrohre finden Verwendung im Dampfkesselbau für besonders hohe Drucke und können bis auf 400 Atmosphären und darüber abgepreßt werden. Bei einer kürzlich von unparteiischer Seite vorgenommenen Prüfung zweier Rippenrohre platzte das eine bei 670 Atm., das andre erst bei 750 Atm., ohne vorher undicht geworden zu sein.

Abb. 33. Zahnräder für Milchzentrifugen. *a* hochwertiges Gußeisen nach 30 Betriebsstunden. *b* Perlitguß nach 400 Betriebsstunden.

Welche Bedeutung dem hier erreichten Fortschritt in Verbraucherkreisen zugeschrieben wird, geht aus der Äußerung Spruths in den Mitt. V. El.-Werke Nr. 400—401, Januar 1926 hervor: „Durch Herstellung aus Perlitguß wird der gußeiserne Rippenekonomiser für ein sehr viel höheres zulässiges Druckgebiet (praktisch bisher nur ca. 20 Atmosphären Überdruck) möglich.“

Verschleißfestigkeit.

Viele von den Gegenständen, deren Verwendung Dichtheit des Gusses verlangt, müssen auch gegenüber Abnützung durch gleitende Reibung besonders widerstandsfähig sein. Hohe Verschleißfestigkeit war eine der ersten Eigenschaften, die von den Erfindern als Besonderheit des Perlitgusses erkannt wurde. Sie ist daher schon im Grundpatent (D. R. P. **301918**) in den Vordergrund gestellt. Tatsächlich hat sie sich auch als vornehmlich wichtig und praktisch bedeutsam erwiesen.

Auf Grund von Untersuchungen in der Mechanisch-Technischen Versuchsanstalt des Eisenbahnzentralamtes kommt Lehmann[1] zu dem Ergebnis, daß weder Härte, noch chemische Zusammensetzung, noch Graphitmenge und -ausbildung wesentlichen Einfluß auf den Verschleißwiderstand nehmen. Er hängt vielmehr nur von dem Perlitgehalt ab, derart, daß Gußeisen mit rein perlitischem Gefüge die höchste Verschleißfestigkeit besitzt. Die Versuche, auf Grund deren dieses Ergebnis gewonnen wurde, erstrecken sich auf das Zusammenarbeiten der Versuchskörper mit Schienenstahl, mit hartem und mit weichem Gußeisen.

Buffet und Roeder[2] ließen ebene Flächen von Versuchskörpern gleichen Stoffes trocken gegeneinander schleifen und erhielten bei

[1] Vgl. S. 51 und Dr. Otto Heinz Lehmann: „Die Abnützung des Gußeisens bei gleitender Reibung“. Gieß. Zg. 1926, S. 597.

[2] Vgl. S. 32 und B. Buffet und A. Roeder: „La fonte perlitique“. Bulletin de la Société Industrielle de Mulhouse, November 1925.

Zylindergußstücken eine Abnützung von 0,3 g je Stunde, bei Perlitgußstücken eine solche von bloß 0,039 g je Stunde.

In allen Fällen, wo betriebsmäßig Metall auf Metall gleitet, aber auch dann, wenn Stoffe anderer Art, Flüssigkeiten, Sand, Staub u. dgl. zwischen oder an bewegte Flächen geraten, ist die Eigenschaft der Verschleißfestigkeit von großer Bedeutung. Abb. 33 zeigt zwei Zahnräder, die an Milchzentrifugen im Betriebe waren. Das eine (*a*) aus dem früher üblichen „Qualitätsguß" angefertigt, hat sich nach 30 Betriebsstunden abgearbeitet, während das Perlitgußrad (*b*) nach 400 Betriebsstunden noch keine Abnützung aufwies. Ähnlich beweist sich die Verschleißfestigkeit des Perlitgusses bei Bremsklötzen, bei Kreiselpumpenteilen, bei Laufringen und Rollen von schweren Trockentrommeln, die früher in drei Monaten abgenützt waren und in der jetzigen Ausführung jahrelang laufen.

Besonders beweiskräftig sind die Fälle, wo Sand mit den Maschinenteilen in Berührung kommt, z. B. bei Sandaufbereitungsmaschinen, deren Kettenräder, Ketten, Sandförderer, Rüttelsiebexzenter u. dgl. m. wegen der in alle Zwischenräume eindringenden scharfen Quarzsandkörner vordem nach längstens zwei bis drei Monaten unbrauchbar waren und ersetzt werden mußten. Die neu eingebauten Teile aus Perlitguß sind schon 1¼ Jahre in Betrieb, ohne einer Auswechselung zu bedürfen. Ähnliches gilt für Kohlenstaubmühlen, für deren Teile bei Ausführung in Perlitguß im Mindestfalle die dreifache Lebensdauer gegen früher festgestellt wurde.

Weitere Beispiele bieten Motorenteile, die gleitender Reibung ausgesetzt sind. Gelegentlich des Motorschlepper-Wettbewerbs 1925 stellte Prof. G. Becker[1] die Abnützungen an den Zylindern der dabei geprüften Verbrennungsmotoren fest. Im allgemeinen waren sie sehr hoch, was auf die Einwirkung des mit der Verbrennungsluft angesaugten Staubes zurückzuführen war. Aus der Reihe der untersuchten Motoren fiel nur einer vollständig heraus; seine Abnützung lag weit unter der der übrigen, obschon die durch ihn angesaugte Luft nicht von Staub gereinigt war, während mehrere der anderen Motoren dafür eine besondere Einrichtung hatten Der so auffallend wenig abgenützte Zylinder gehörte zu dem Lanzschen Zweitakt-Glühkopfmotor und war aus Perlitguß hergestellt.

Nachstehend seien einige Anwendungen aus der Praxis des besonders scharfe Anforderungen stellenden Dieselmotorbaues besprochen:

Die Zylinderlaufbüchse der Dieselmotoren muß aus einem harten, zähen und dichten Guß von gleichmäßigem Gefüge bestehen. Denn die Büchse bildet nicht nur die Gleitfläche für den Arbeitskolben, sondern muß auch einen Gasdruck bis etwa 45 Atmosphären aushalten. Ist der Werkstoff weich und ungleichmäßig, dann neigt auch der beste Kolben zum Fressen, selbst wenn Kolben und Büchse sauber auf der Maschine geschliffen sind. Perlitguß hat sich diesen Ansprüchen voll ge-

[1] Prof. Dr. G. Becker: „Motorschlepper für Industrie und Landwirtschaft". Z. V. D. I. 1926, S. 1262.

wachsen gezeigt und wesentlich besser bewährt als der früher verwendete „Zylinderguß“. Die Wanddicken werden in der jetzigen Ausführung geringer als früher gehalten, wodurch die Kühlung verbessert wird. Außerdem erzielt man eine ganz glatte und gleichmäßige Laufbahn, so daß die Kolbenreibung wesentlich herabgemindert wird.

Die Schraubenräder, die bei Dieselmotoren zum Antrieb der Steuerwellen benutzt werden, müssen hinsichtlich Härte, Gleichmäßigkeit des Gefüges und Zähigkeit dieselben Eigenschaften haben wie die Zylinderbüchsen. Während bei größeren Dieselmotoren der übliche Zylinderguß oft versagte, sind bei der Verwendung von Perlitguß bestimmter Härte keine Beanstandungen mehr aufgetreten.

Hervorragend bewährte sich der Perlitguß auch bei der Brennstoffpumpe der kompressorlosen Dieselmotoren. Diese Pumpen müssen Drücke von mehreren hundert Atmosphären erzeugen. Die Pumpenkolben und die Kolben der Überströmventile müssen sich stopfbüchsenlos in ihren Führungen bewegen und dabei gegen den hohen Druck abdichten. Versuche mit allen möglichen Werkstoffen, auch mit Edelstählen, haben hier lange nicht die guten Ergebnisse gehabt wie die Verwendung von Perlitguß. Während sich das Festbremsen der äußerst dicht eingeschliffenen Kolben bei allen anderen Baustoffen einstellte, treten bei Perlitguß keinerlei Anstände auf.

Nach Ansicht der Firmen, die im Dieselmotorbau mit Perlitguß Erfahrungen gemacht haben, führt die Entwicklung dahin, die meisten Stahlgußteile durch Perlitguß zu ersetzen. Er kommt ferner als geeigneter Baustoff für die Antriebsnocken der Steuerungsventile, für die Sitze dieser Ventile, die Ventilteller, ferner auch für hochbeanspruchte Zylinderdeckel und die Kolben in Betracht.

Gefügebeständigkeit bei höheren Temperaturen.

Stark in den Vordergrund tritt in neuerer Zeit das Verhalten des Perlitgusses gegenüber hohen Betriebstemperaturen. Gußeisen zeigt bei solcher Verwendung im allgemeinen die höchst gefährliche Eigenschaft des „Wachsens“[1]. Dieses ist wohl zu unterscheiden von der normalen Wärmeausdehnung, die allen Stoffen gemeinsam ist. Während letztere nach der Abkühlung wieder zurückgeht, haben Stoffe, die die Erscheinung des Wachsens aufweisen, die Eigenschaft, daß die in der Wärme erfahrene Ausdehnung nicht vollständig verschwindet. Das Wachsen nimmt mit jeder neuen Erwärmung zu, wenn auch jedes folgende Mal in geringerem Maße. Sie führt zu gefährlichen Verspannungen zwischen einander berührenden Konstruktionsteilen. Gußeiserne Rohr- und Gehäuseteile werden im Heißdampf rissig und vermodern manchmal derart, daß sie mit dem Messer geschnitten werden können.

---

[1] Vgl. Thum: „Die Werkstoffe im heutigen Dampfturbinenbau“. Z. V. D. I. 1927, S. 758. Dazu die Diskussion in der Fachsitzung „Dampftechnik“. Z. V. D. I. 1927, S. 1134.

In den letzten Jahren ist dieser Gegenstand studiert worden[1]. Es ergab sich, daß die Erscheinung in unmittelbarer Beziehung steht mit dem Gehalt an Silizium, das als Begleitstoff im Gußeisen regelmäßig vorkommt. An sich wird das Silizium vom Eisengießer gern gesehen, da es die leichte Vergießbarkeit und gute Bearbeitbarkeit fördert und die Möglichkeit gibt, den Kohlenstoffgehalt herunterzudrücken, was wieder für die Festigkeit vorteilhaft ist. Es hat sich aber gezeigt, daß mit den Siliziumgehalten, wie sie im allgemeinen verwendet werden (um etwa 2% und darüber), das Wachsen untrennbar verbunden ist und um so größeres Ausmaß annimmt, je höher der Siliziumgehalt wird. Hier gibt nun das Verfahren zur Erzeugung des sogenannten Heißperlits außer der Möglichkeit, ein spannungsfreies, dichtes und festes Eisen zu erzeugen, auch die Möglichkeit, es auf sehr niedrigen Siliziumgehalt zu gattieren. Diese Gattierungen würden, normal vergossen, weiß erstarren. Ein Gußeisen mit 1% Silizium und darunter besitzt aber ein so geringes Wachsen, daß es praktisch belanglos wird. Damit ist also ein Mittel gegeben, Gußeisen auch für Verwendung bei höheren Temperaturen brauchbar zu machen und auch hier wieder den kostspieligeren und unbequemeren Stahlguß zu ersetzen. Für alle Verwendungszwecke, wo höhere Temperaturen auftreten, bei Verbrennungsmotoren und Heißdampfmaschinen, Dampfturbinen u. dgl. m., ist diese Eigenschaft bedeutungsvoll, ferner für Rohrleitungsteile und Krümmer sowie für die schon erwähnten Vorwärmerkästen und sonstigen Heizkörper.

Alle Vorteile des Perlitgusses würden nichts besagen, wäre es nicht möglich, das für ihn kennzeichnende durchgängige perlitische Gefüge mit Treffsicherheit zu erreichen. Die Treffsicherheit war ja seit jeher beim Eisenguß ein besonders kritischer Punkt. Rudeloff kam darüber noch in seinem „Bericht über die Versuche zur Ermittelung der Treffsicherheit der Gießereien“[2] zu einem recht pessimistischen Urteil. Daß der Perlitguß dagegen heute mit großer Treffsicherheit hergestellt wird, ist der zielbewußten Anwendung der gleichen Methoden zu danken, die zu seiner Erfindung führten. Wissenschaftliche Durchdringung und dauernde Überprüfung des gesamten Gießereibetriebes durch wissenschaftlich geschulte Ingenieure, angefangen von der Untersuchung der Rohstoffe und des Formsandes bis zur genauen Erkennung und Beherrschung der Schmelz- und Formtrockenvorgänge, sowie des Gießvorganges selbst bieten die Mittel, diese Treffsicherheit zu erreichen. Die Studiengesellschaft für Veredelung von Gußeisen sicht es als ihre wesentliche Aufgabe an, die Kenntnis dieser Gebiete und ihre Anwendung dauernd zu vertiefen.

[1] Vgl. S. 68 und Sipp und Roll: „Das Wachsen des Gußeisens“. Gieß.-Zg. 1927, S. 229ff.

[2] Gieß. 1925, S. 561 ff.

Gußeiserne Rauchgas-Vorwärmer für niedrigen und hohen Druck[1].

Mitgeteilt von der Firma L. & C. Steinmüller, Gummersbach.

Wiederholte Druckversuche mit darauffolgenden Kaltwasser-Druckproben an zwei Versuchskörpern aus Perlitguß haben gezeigt, daß der Innendruck bis auf 140 at gesteigert werden konnte.

Gußeiserne Ekonomiser haben bekanntlich gegenüber schmiedeeisernen den Vorteil, daß sie durch den Sauerstoff des Speisewassers sozusagen überhaupt nicht angegriffen werden und dem Angriff von schwefliger Säure einen weit größeren Widerstand entgegensetzen. Für Betriebe, die nicht einwandfreies Kesselspeisewasser haben, kommen infolgedessen aus Gründen der Betriebssicherheit nur gußeiserne Ekonomiser in Betracht.

Für den oberen und unteren Verteilkasten war perlitisches Gußeisen (Perlitguß) verwendet, ein Baustoff, dessen Festigkeit, Zähigkeit, gleichmäßige Gefügebeschaffenheit und Widerstandsfähigkeit gegen plötzliche Schlagwirkungen dem Gußstahl nahekommen[2] (s. Tab. 1).

Tabelle 1.

	Biegefestigkeit kg/mm²	Durchbiegung mm	Zugfestigkeit kg/mm²	Kugeldruckhärte nach Brinell	Dauerschlagprobe, Anzahl der Schläge bis zum Bruch
Grauguß . .	28	10	14	130	5
Perlitguß . .	51	17	28	164	72

Aus der Zusammenstellung ist zu ersehen, daß die Zugfestigkeit das Doppelte von der bei gewöhnlichem Grauguß erreicht und die Dauerschlagproben ein Vielfaches von denen bei Grauguß ergeben. Besonders die letztere Eigenschaft eröffnet dem Perlitguß als Baustoff für Vorwärmer günstige Möglichkeiten, da er die im Betrieb auftretenden Wasserschläge, worauf manche Schädigungen der Ekonomiser zurückzuführen sind, infolge seiner Widerstandsfähigkeit gegen Stöße gut verträgt. Diese Eigenschaft wird durch den Gefügebau bedingt.

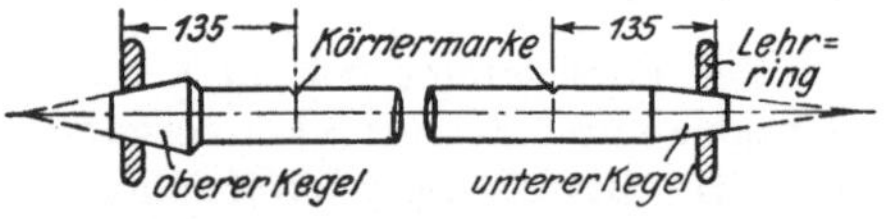

Abb. 34. Vorwärmerrohr mit Körnermarken.

Die für die Versuche gewählten Probekörper, deren Wandstärken und bauliche Einzelheiten den üblichen Vorwärmerteilen aus Grauguß entsprechen, sind in Abb. 35 und 36 dargestellt. Der erste Versuchskörper besteht aus 8 Rohren und je einem oberen und unteren Verteilkasten; die Verteilkasten wurden zur Entnahme von Stichmaßen und Beobachtung der Durchbiegung mit Längsrißmarken, die Rohre im Abstand von 135 mm von den Enden der zylindrischen Stücke mit Körnermarken versehen, Abb. 34; dadurch

[1] Aus Z. V. D. I. 1924, S. 609.

[2] S. Mitt. Materialpr.-Amt zu Berlin-Dahlem, Jg. 1922, Heft 6; Gieß. Bd. 10, Heft 46. Vgl. auch S. 5 u. 18.

konnte man ermitteln, wieweit jedes Rohrende beim Abpressen des Versuchskörpers in die betreffende Kegelöffnung des Verteilkastens eindrang. Auch dienten diese Körnermarken dazu, um die Länge der Sitz-

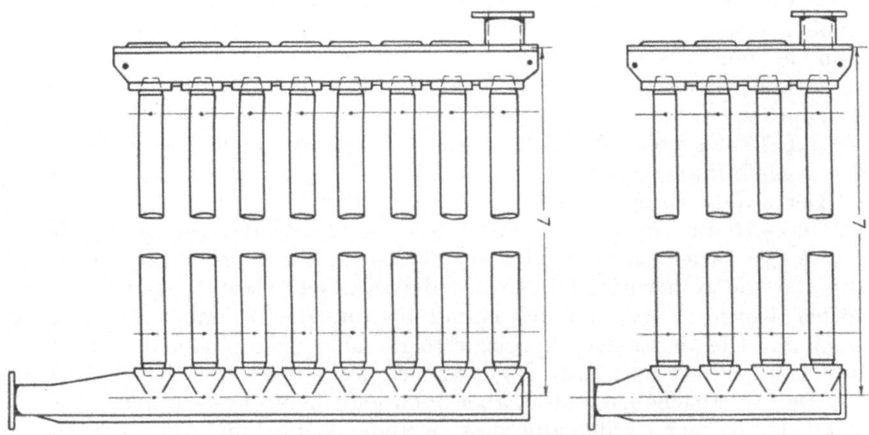

Abb. 35 und 36. Vorwärmer-Probekörper.

fläche ihrer Kegel zu messen. Die Kegelöffnungen der Verteilkästen wurden mittels Lehrdornes kontrolliert.

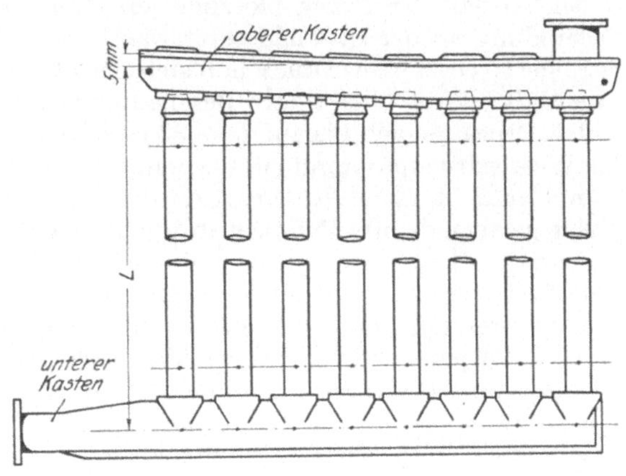

Abb. 37. Abheben des oberen Kastens bei 43 at Probedruck.

Beim ersten Versuch wurde der Probekörper in drei Stufen auf einer hydraulischen Presse derart zusammengedrückt, daß sich die Länge L des Probekörpers von $L + 22$ über $L + 10$ bis auf $L - 5$ mm verminderte (L = normales Längenstichmaß); dabei zeigten sich keine Beschädigungen. Der Körper wurde unmittelbar darauf der ersten Kaltwasserdruck- probea usgesetzt, und bei 43 at wurde der obere Kasten von den Rohrenden abgehoben, Abb. 37.

Obwohl sich der Kasten im zweiten Drittel seiner Länge bis um 5 mm abgebogen hatte, war er wegen der Zähigkeit des Materials nirgends beschädigt. Er wurde darauf zum zweitenmal bis auf L — 14 mm zusammengepreßt, erlitt aber auch hierbei keine Schäden. Bei der folgenden zweiten Kaltwasserdruckprobe wurde der Druck nacheinander auf 40, 50, 80 und 83 at gesteigert. Zwischen den einzelnen Druckstufen wurden kleine Pausen eingeschaltet, während deren der Druck wegen der Undichtheiten der Pumpe und der Druckzuleitung um 10 bis 30 at zurückging. Bei 83 at sprang aus dem oberen Kasten ein größeres Stück aus.

Während der Materialprüfung an Stücken des gebrochenen Verteilkastens erfolgte der erste Druckversuch am zweiten Versuchskörper, Abb. 36, der von $L + 9$ über $L \pm 0$ und $L - 6$ bis auf $L - 10$ mm zusammengedrückt wurde. Bei der darauf folgenden ersten Wasserdruckprobe, wobei der Druck wie beim ersten Probekörper mit Pausen bis auf 75 at gesteigert wurde, zogen sich die Rohrenden teilweise aus den Kegelöffnungen der Kästen heraus.

Der zweite Druckversuch wurde dann von $L + 2$ über $L - 10$ bis auf $L - 15$ mm fortgesetzt. Bei der zweiten Kaltwasserdruckprobe wurde der Druck nacheinander auf 60, 78 und 80 at gesteigert, wobei sich nur die Rohrverbindungen mit den Kammern lösten. Der Probekörper wurde daher zum drittenmal bis auf $L - 15$ mm zusammengezogen. Die dritte Druckprobe erfolgte acht Tage später bei 0° C Raumtemperatur und 72 at Höchstdruck, wobei der obere Kasten von den Rohren abgehoben wurde, aber auch jetzt keine Beschädigung auftrat; der Körper wurde dann zum viertenmal unter mehrmaligem Absetzen der Presse auf $L - 25$ mm zusammengezogen und daraufhin einer Kaltwasserdruckprobe mit folgendem Druckverlauf unterworfen: 95, 70, 95, 0, 78, 60, 105, 65, 108, 0, 102 at; bei 102 at platzte eine Flanschenverbindung in der Leitung zwischen Pumpe und Einlaßventil, so daß der Druck plötzlich auf 0 at zurückging. Nachdem die Verbindung wieder instandgesetzt war, wurde der Druck bis auf 112 at gesteigert; bei diesem Druck hob sich der obere Kasten gleichmäßig ab, ohne daß Kasten oder Rohre Beschädigung erlitten. Es folgte nun der fünfte Druckversuch bis auf $L - 30$ mm Länge. Bei der darauf folgenden Wasserdruckprobe mit 60, 108, 0 und 118 at wurde die Stopfbüchse der Pumpe undicht. Nach Neuverpacken der Stopfbüchse wurde der Druck auf 112 at gesteigert; die Pumpe wurde jedoch wieder undicht, da das Dichtungsmaterial nicht standhielt. Schließlich konnte der Druck bis auf 140 at gesteigert werden, wobei erst ein Riß im oberen Verteilkasten eintrat.

Das Ergebnis der Untersuchungen an den Bruchstücken des ersten Versuchskörpers und an Probestäben aus dem Guß für den zweiten Versuchskörper ist aus nachstehender Tab. 2 ersichtlich:

Tabelle 2. Vergleichende Versuche mit Gußeisen und Perlit.

	Zugfestigkeit		Härte nach Brinell		Biegefestigkeit nach Kircheis, Auflage 200 mm	
	kg/mm²	kg/mm²			kg/mm²	kg/mm²
G 1	13,4		150		34,5	
G 2	13,6	13,6	139	147,3	32,5	35
G 3	14,1		143		38	
P 1	23,3		173		54,8	
P 2	23,7	23,8	168	168	58	57,6
P 3	24,4		163		60	

G 1 bis *G* 3 Gußeisen-, *P* 1 bis *P* 3 Perlitstäbe.

Perlitguß in der Wärmetechnik[1].

Von Dipl.-Ing. Gustav Meyersberg, Berlin.

Noch vor wenigen Jahren war man allgemein der Ansicht, daß im Kupolofen erschmolzenes Gußeisen in bezug auf Qualität nicht verbesserungsfähig sei.

Die Anwendung wissenschaftlicher Verfahren zur Untersuchung des Werkstoffes und die planmäßige Auswertung der dabei gewonnenen Ergebnisse in der Werkstatt haben jedoch in den letzten Jahren einen vollständigen Umschwung gebracht. Das Ergebnis ist als „Lanz-Perlitguß" allgemein bekannt geworden, gekennzeichnet durch das ausschließliche Vorherrschen und die gute Ausbildung des Gefügebestandteils „Perlit" und durch die Feinverteilung des Graphits im Gefüge.

Die hundertfache Vergrößerung eines Schliffes von Perlitguß stellt die Abb. 38 dar. Der Perlit selbst ist hier nicht zu erkennen, dagegen sind die Graphitadern, die im Guß vorhanden sind, gut sichtbar. Sie stellen sich als feine, dünne Einsprengungen dar, die recht regelmäßig über die Fläche verteilt sind. Abb. 39 ist demselben Schliff entnommen, jedoch in dreihundertfacher Vergrößerung. Deutlich ist die lamellare Schichtung hellerer und dunklerer Streifen erkennbar, die für den Perlit kennzeichnend ist. Die helleren Streifen sind Ferrit (reines Eisen, weich), die dunkleren Zementit (Eisenkarbid $Fe\,C_3$, hart und spröde). Die gleichmäßige Feinverteilung über die ganze Fläche ist bemerkenswert.

Dem schönen Aussehen des Schliffes entsprechen auch die physikalischen Eigenschaften des Gusses. Der Zugversuch ergab bei der vorliegenden Probe eine Zerreißfestigkeit von 28 kg/mm², einen für Gußeisen ganz hervorragenden Wert. Die Härte betrug dabei 185 Brinell-Einheiten, womit beste Bearbeitbarkeit verbürgt ist. Das Stück wurde einem Rippenheizrohr entnommen, das nach dem Lanz-Perlitverfahren gegossen worden war. Für diesen Verwendungszweck ist auch besonders das Verhalten bei höheren Temperaturen sehr wesentlich. Nach neueren Untersuchungen hängen die bleibenden Änderungen des Gußeisens in der Wärme wesentlich von dem Gehalt an Silizium ab, der möglichst niedrig liegen soll. Die chemische Untersuchung des Gußstücks ergab nun bei einem Kohlenstoffgehalt von 3,20% einen Siliziumgehalt von 1,03%, einen für das Verhalten in der Wärme sehr günstigen Wert.

Daß sich Perlit in dem Gefügebild eines Gusses vorfindet, begründet jedoch noch nicht, ihn als hochwertig zu bezeichnen. Wesentlich für den wirklichen Perlitguß ist das unbedingte Vorherrschen des Perlits an allen Stellen, seine gleichmäßige Verteilung über den ganzen Querschnitt und die Feinverteilung des Graphits.

Daß hierüber auch in Fachkreisen Unklarheit zu bestehen scheint, ergibt sich aus Anpreisungen, in denen das Vorkommen von „Perlitgefüge" an sich bereits als wesentlicher Vorteil angesehen wird. So wurde z. B. ein Rippenheizrohr, bei dem das Vorhandensein von Perlit

[1] Gekürzter Abdruck aus V. D. I.-Nachr. Nr. 52 ex 1926.

im Guß als besonderer Vorzug genannt wurde, untersucht und ergab die Schliffbilder nach Abb. 40 und 41. Es besteht kein Zweifel, daß die

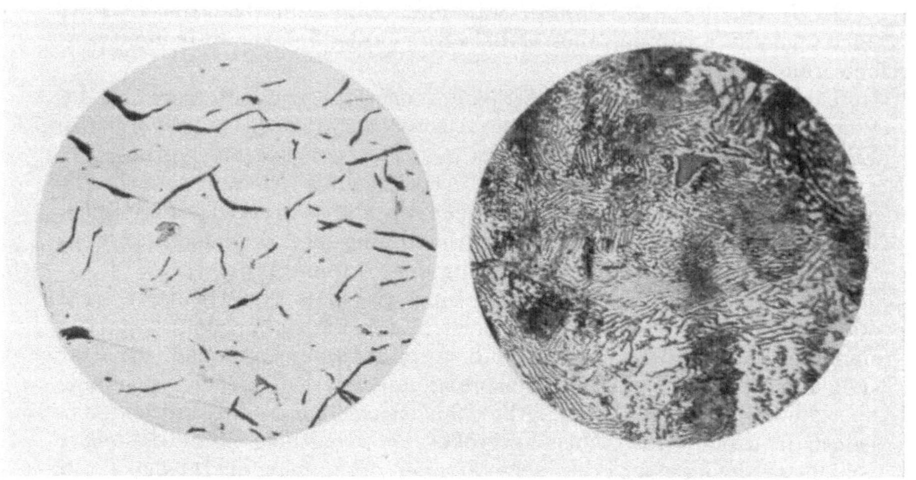

100fache Vergrößerung. 300fache Vergrößerung.
Abb. 38 und 39. Schliffbilder vom Perlitguß eines Rippenheizrohres.

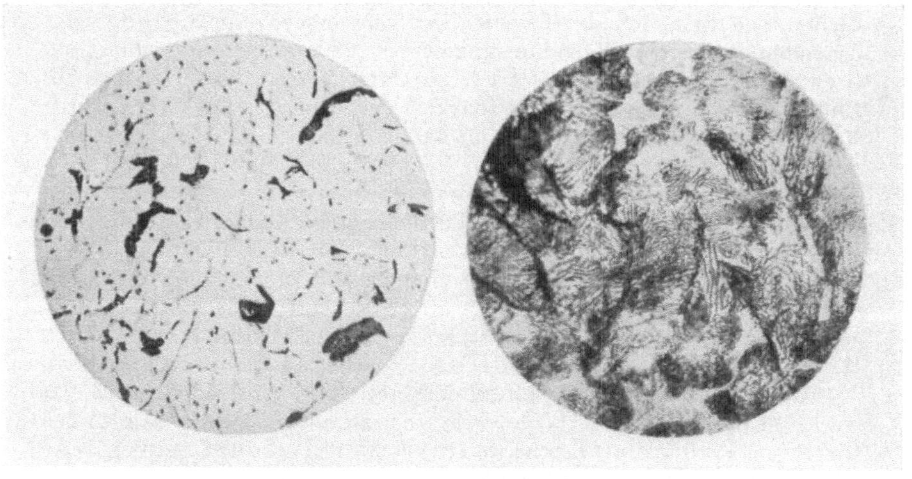

100fache Vergrößerung. 300fache Vergrößerung.
Abb. 40 und 41. Schliffbilder von zu Unrecht als „Perlitguß" bezeichnetem Grauguß eines Rippenheizrohres.

dreihundertfache Vergrößerung in Abb. 41 Perlit im Gefüge zeigt! Vergleicht man jedoch dieses Schliffbild mit Abb. 39, so wird sofort klar, wieviel weniger Perlit vorhanden, wieviel ungleichmäßiger er angeordnet ist und wieviel andersartige Gefügebestandteile sich zwischen ihn eindrängen und seine Wirkung einschränken.

Die hundertfache Vergrößerung in Abb. 40 zeigt wieder im Vergleich zu Abb. 38, wieviel gröber und ungeordneter der Graphit verteilt ist, an zahlreichen Stellen zu Klumpen und unregelmäßigen Balken verdichtet. Dem Gefügebild entsprechend zeigte der Zugversuch auch nur eine Zerreißfestigkeit von 14,9 kg/mm², also wenig mehr als die Hälfte des oben angegebenen, bei wirklichem Perlitguß erreichten Wertes.

Die chemische Untersuchung ergab 3,68% Kohlenstoff und 2,64% Silizium. Der Siliziumgehalt ist so hoch, daß gutes Aushalten höherer Temperaturen viel weniger zu erwarten ist als bei dem erheblich niedrigeren Wert, der oben für den wirklichen Perlitguß angegeben wurde.

Dritte Reihe.

Die Abnutzung des Gußeisens bei gleitender Reibung[1].

Von Dr.-Ing. Otto Heinz Lehmann, Berlin.

Von den früheren Untersuchungen[2] über den Gegenstand hat sich keine bisher näher mit den Fragen befaßt:

„Wie verschleißt Gußeisen?“

und

„Ist es möglich, die Abnutzung mit brauchbaren Werten der mechanischen, chemischen und metallographischen Eigenschaften in Zusammenhang zu bringen?“

Hier können nur systematische Versuche zum Erfolg führen.

Angeregt durch Untersuchungen an vorzeitig abgenutzten Bremsklötzen, Kolbenschieberbuchsen und Zylindergehäusen, hat Verfasser die nachstehenden Versuche durchgeführt. Es soll darin ermittelt werden, wie die verschiedenen Arten des Gußeisens, hartes, mittelhartes und weiches, sich in der Abnutzungsprüfung verhalten, ob es in der Härte des Gußeisens eine Grenze gibt, die den Einbau von Gußstücken aus derartigen Gattierungen in hochbeanspruchten Stellen verwirft. Weiter soll erforscht werden, wie sich Gußeisen zum Gußeisen in der Abnutzung verhält; ob beide Teile hart sein sollen, oder ob der eine Teil, der vielleicht leichter ersetzbar ist, etwas weicher sein soll, damit er die Abnutzung auf sich nimmt. Es ist also unter den verschiedenen Bedingungen zu untersuchen,

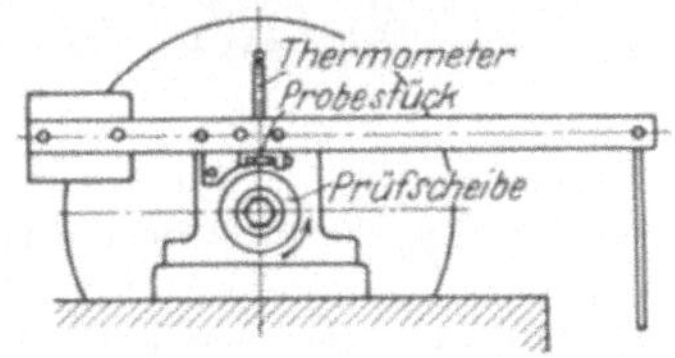

Abb. 42. Prüfmaschine (schematisch).

[1] Gekürzte Wiedergabe aus Gieß.-Zg. 1926, S. 597, 623 und 654.

[2] Im Original ausführlich besprochen.

wie ein Gußeisen beschaffen ein muß, um der jeweiligen Abnutzung standzuhalten,

und welche Eigenschaften in unmittelbarer Beziehung zur Abnutzungsfestigkeit stehen.

Versuchseinrichtung.

Es ist zunächst erforderlich, auf die gesamte Versuchsanordnung einzugehen und eine Beschreibung der verwendeten Prüfungsmaschinen zu geben.

Ich habe zu meinen Untersuchungen eine kleine Abnutzungsmaschine verwendet, die in Abb. 42 schematisch und in Abb. 43 im Lichtbild wiedergegeben ist. Sie lehnt sich in den Grundzügen der Prüf-

Abb. 43. Prüfmaschine. Teilansicht. Probenbefestigung.

maschine für Lagermetalle nach Professor v. Hanffstengel an und besitzt eine rotierende Scheibe, die ausgewechselt werden kann. Gegen diese Scheibe wird durch Hebelübertragung das zu untersuchende Probeklötzchen gedrückt. Aus den Voruntersuchungen ergab sich, daß für Abnutzungsversuche die erste Bedingung die ist, daß die Prüfmaschine einwandfrei fest steht, daß somit Eigenschwingungen fast ganz ausgeschaltet sind. Deshalb wurde die bestmögliche Fundierung für die Maschine gesucht und der Unterbau, der auf den Abbildungen frei ist, durch Eisenmassen beschwert[1]. Die Maschine arbeitete nach dieser Maßnahme ruhig und ohne jede Erschütterung so, daß die Untersuchungen dadurch nicht mehr beeinträchtigt wurden. Die Prüfscheibe hatte einen Durchmesser von $D = 110$ mm und eine Breite von $b = 30$ mm. Die Probe selbst lag fest in dem drehbaren Hebel,

[1] Die Entfernung der Gewichte erfolgte, um eine übersichtlichere photographische Aufnahme der Maschine zu ermöglichen.

während die Scheibe sich mit einer Umdrehungszahl von $n = 400$ min bewegte. Die Geschwindigkeit an der Berührungsfläche betrug somit

$$V = \frac{D \cdot \pi \cdot n}{66} = \frac{0,11 \cdot 3,14 \cdot 400}{60} = 2,3 \text{ m/sec.}$$

An der Einspannstelle der Probe am Hebel war dieser mit einer Öffnung versehen, die sich mit einer gleichen Bohrung im Probeklötzchen deckte. Sie diente zur Aufnahme eines Thermometers, um die durch die Reibung entstehende Temperaturerhöhung zu messen.

Zur Untersuchung der Härte der Prüfscheiben und Probeklötzchen stand mir eine Orignal-Brinell-Presse der Aktiebolaget Alpha zur Verfügung. Sämtliche Kugeldruckversuche wurden mit der 10-mm-Kugel bei 1000 kg Belastung vorgenommen. Die angegebenen Werte sind Mittelwerte aus je vier Eindrücken. Es entfallen davon zwei Eindrücke auf die für die Lauffläche bestimmte Seite, zwei andere auf eine der beiden Längsseiten. Es blieb so für eine eventuelle Nachprüfung der Brinell-Härte, hauptsächlich aber für die metallographische Untersuchung, eine Längsseite der Probe frei.

Die mikroskopischen Untersuchungen wurden mit dem bekannten Martens-Apparat ausgeführt. Ich habe alle Proben der Betrachtung bei verschiedener Vergrößerung unterzogen, mich jedoch bei der mikrophotographischen Wiedergabe der Probebilder auf eine Probenreihe beschränkt, da sich wesentliche Unterschiede nicht ergaben. Die Vergrößerung beträgt $V = 100$.

Geätzt wurde mit 4proz. alkoholischer Pikrinsäure.

Die Messungen der Gewichtsveränderungen der Probeklötzchen erfolgte auf einer analytischen Wage.

Versuchsmaterial.

Das Versuchsmaterial wurde in der Hauptsache Bremsklötzen entnommen. Ich ging dabei von dem Gedanken aus, daß gerade dieses Material außerordentlichem Verschleiß unterworfen ist, wohingegen man bei fast allen anderen Maschinenteilen mehr oder minder bestrebt ist, den Verschleiß durch Schmierung zu verringern. Ich habe trotzdem nicht versäumt, anderes Material, welches Zylinder- und Kolbenschieberbuchsen entnommen war, der Prüfung zu unterziehen.

Das Bremsklotzmaterial wurde an der Bremsfläche in Form von Klötzchen entnommen, deren Abmessungen 30 · 25 · 20 mm waren. Insgesamt wurden aus sieben Bremsklötzen, nachdem die Gußhaut entfernt war, Proben entnommen.

Als mechanische Voruntersuchung wurde die Kugeldruckprobe nach Brinell angewandt und die Proben nach der Brinell-Härte zusammengestellt.

Es hat sich vor Beginn der Versuche herausgestellt, daß die Probeklötzchen keineswegs die gleiche Brinell-Härte hatten wie der Bremsklotz selbst; ich bin deshalb zu der Sonderprüfung eines jeden Versuchsklötzchens geschritten.

Als Prüfscheibe habe ich für die Vorversuche zunächst nur die Stahlscheibe benutzt, die aus Radreifenstahl bestand. Für die Hauptversuche habe ich zur Prüfung dieselbe Stahlscheibe verwendet. Die Gußeisenscheiben bestanden aus einer weichen Scheibe von 125 Brinell-Einheiten und einer harten von 203 Brinell-Einheiten. Diese Kugeldruckwerte ergaben sich als Mittelwerte aus je acht Eindrücken.

Aus einer kleinen Reihe von Versuchen habe ich zunächst den günstigsten Anpreßdruck ermittelt, d. h. denjenigen Druck, bei welchem ich die bestmögliche Messung der Abnutzung feststellen konnte. Nacheinander habe ich Proben unter 5 kg, 10 kg, 20 kg, 30 kg und 40 kg Belastung laufen lassen. Hierbei kam ich zu den besten Werten bei 20 kg. Unter Berücksichtigung der anfänglichen Linienberührung, die während der Laufzeit in eine Flächenberührung überging, die jeweils von der Größe der Verschleißfestigkeit abhing, habe ich für die Hauptversuche eine andere Form der Proben gewählt. Abb. 44 stellt die Probe vor dem Versuch, Abb. 45 dieselbe nach dem Versuch dar. Bei der Benutzung einer älteren Form war je nach der Verschleißfestigkeit des Materials die Flächenberührung verschieden; in Abhängigkeit davon änderte sich aber auch der Anpreßdruck je Flächeneinheit, da ja die Belastung am Ende des Hebelarms die gleiche blieb. Durch die neue Form erreichte ich einen während der ganzen Versuchsdauer immer gleich bleibenden Druck von 20 kg auf 2,5 cm². Auf Grund der Vorversuche habe ich mich auf eine Versuchsdauer von zweimal einer Stunde beschränkt.

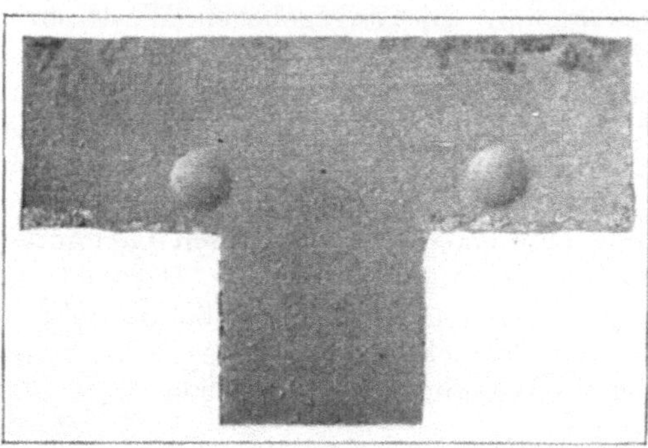

Abb. 44. Probestück der Hauptversuche (vor dem Versuch). 1½ × Vergr.

Ebenso habe ich die Messung der Temperatursteigerung sowie die der Motorbelastung in den Hintergrund gestellt, da beide Werte mir keine Angaben von Wichtigkeit brachten. Sie sind zweifellos von verschiedenen äußeren Einflüssen stark abhängig und würden die Versuchsergebnisse außerordentlich stören. Ich habe um so größeren Wert auf saubere Zurichtung der Proben und die Behandlung der Prüfscheibe gelegt. Die Proben wurden an der Lauffläche sauber geschliffen, die Prüfscheibe wurde vor jedem neuen Versuch ebenfalls geschliffen bzw. neu überdreht. Probe und Scheibe wurden mit Alkohol entfettet, damit Schmiermittel vollkommen ausgeschaltet waren[1].

Hauptversuche.

a) Das Verhalten von Gußeisen gegenüber Stahl. Reihe *C*.

1. Proben: Bremsklotzguß 123 bis 185 Brinell-Härte.
2. Prüfscheibe: Schienenstahl.

[1] Die eingehende Erörterung der Vorversuche ist bei vorliegendem Abdruck fortgelassen.

3. Anpreßdruck: 20 kg/2,5 cm².
4. Laufzeit: 2 Stunden.
5. Umdrehungen: $n = 400$ min.

Tab. 1 enthält die ermittelten Gewichtsverluste der Proben, die nach zunehmender Brinell-Härte eingetragen sind. Abb. 46 gibt das graphische Schaubild. Die Verluste in Gramm sind als Ordinate und die Brinell-Einheiten als Abszisse aufgetragen.

Tabelle 1.

Versuch Nr.	Brinell-Härte	Gewichtsabnahme in Gramm nach 1 Std.	Gewichtsabnahme in Gramm nach 2 Std.	Summe	Bemerkungen
17 *C*	123	3,55	0,27	3,82	
15 *C*	126	29,8	—	29,8	Wegen starken Verschleißes lie-
16 *C*	129	36,1	—	36,1	fen diese Proben nur 1 Stunde
20 *C*	131	0,65	0,47	1,12	
18 *C*	135	0,34	0,20	0,54	
21 *C*	143	0,43	0,41	0,84	
19 *C*	144	0,50	0,30	0,80	
26 *C*	161	0,27	0,24	0,51	
24 *C*	164	0,28	0,24	0,52	
28 *C*	168	0,54	0,61	1,15	
25 *C*	171	0,21	0,21	0,42	
27 *C*	173	0,44	0,73	1,17	
22 *C*	174	0,27	0,36	0,63	
23 *C*	185	0,21	0,22	0,43	

Tabelle und Schaubild zeigen eine stark ausgeprägte Grenze bei der Härte von 130 Brinell-Einheiten. Die Proben, deren Brinell-Härte unterhalb des Wertes 130 liegt, zeigen einen außerordentlich hohen Verschleiß. 15 *C* und 16 *C* konnten wegen starker Materialabnahme nur eine Stunde laufen. Bemerkenswert ist, daß bei 17 *C* anfangs ein starker Verschleiß eintrat, der plötzlich nach etwa 30 Minuten aufhörte. Die Prüfscheibe hatte eine Temperatur von 100 bis 120 ⁰ C und begann an dem von der Probe bestrichenen Teil schwarz zu werden. Es fand auf der ganzen beanspruchten Fläche eine erhebliche Graphitschmierung durch die freigelegten Graphitblättchen statt. Von dieser Zeit ab nahm der Verschleiß nur gering zu. Von 130 Brinell-Einheiten ab bleibt der Verschleiß in mäßigen Grenzen und schwankt zwischen 0,4 und 0,8 g. Es wäre hier ein Abfallen der Abnutzung mit steigender Brinell-Härte zu beobachten, wenn nicht die Proben 18 *C*, 28 *C*, 27 *C* und 22 *C* ziemliche Unregelmäßigkeiten verursachten. Ebenso liegt die Brinell-

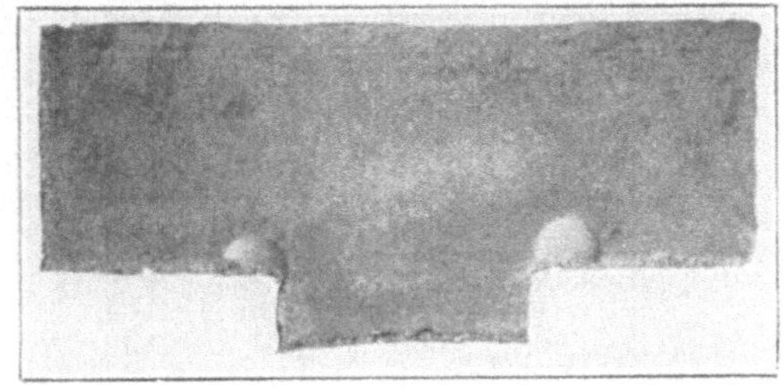

Abb. 45. Probestück der Hauptversuche (nach dem Versuch). 1½ × Vergr.

Härte der Probe 17 *C* unter der der Proben 15 *C* und 16 *C*, die Verschleißfestigkeit aber erheblich höher. Es mußten bei diesen Proben andere Ursachen mitspielen, die das Ergebnis beeinflußten. Die Vorversuche hatten mir gezeigt, daß hoher Siliziumgehalt die Abnutzungsfestigkeit verschlechtert. Ich habe das Ausgangsmaterial chemisch untersucht, glaubte jedoch sicherer zu gehen, wenn ich jede einzelne Probe der Analyse unterwarf. Ich habe also bei der Aufstellung der Abnutzungsgröße als Funktion der Brinell-Härte gefunden, daß eine Beurteilung des Verschleißes von Gußeisen auf Stahl nach der Brinell-Härte sehr mangelhaft ist und daß sie bei Werten unter 130 Brinell-Einheiten vollkommen versagt.

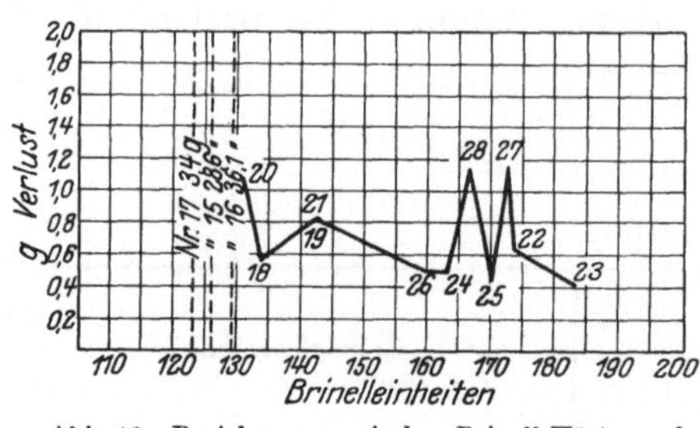

Abb. 46. Beziehungen zwischen Brinell-Härte und Abnutzung für Versuchsreihe *C*.

Ich gehe nun zur Beurteilung des Verschleißes nach der chemischen Zusammensetzung über und bringe in Tab. 2 die Abnutzung, den Analysenwerten gegenübergestellt.

Tabelle 2.

Versuch Nr.	C %	Graphit %	Mn %	Si %	P %	S %	Abnutzung g	Brinell-Härte
17 *C*	3,01	2,48	0,44	2,65	0,78	0,24	3,82	123
15 *C*	2,97	2,80	0,43	2,45	0,88	0,18	29,8	126
16 *C*	2,97	2,80	0,43	2,45	0,87	0,18	36,1	129
20 *C*	2,94	2,90	0,44	2,57	0,73	0,20	1,12	131
18 *C*	3,01	2,48	0,44	2,66	0,78	0,24	0,54	135
21 *C*	2,83	2,59	0,45	2,55	0,97	0,22	0,84	143
19 *C*	2,94	2,90	0,44	2,57	0,72	0,20	0,80	144
26 *C*	2,89	2,27	0,46	2,48	0,95	0,17	0,51	161
24 *C*	2,96	2,56	0,44	2,36	0,92	0,13	0,52	164
28 *C*	2,76	1,98	1,04	0,86	0,41	0,28	1,15	168
25 *C*	2,90	2,28	0,44	2,49	0,95	0,17	0,42	171
27 *C*	2,76	1,98	1,04	0,86	0,41	0,28	1,17	173
22 *C*	2,81	2,58	0,46	2,55	0,97	0,22	0,63	174
23 *C*	2,96	2,56	0,44	2,36	0,92	0,13	0,43	185

Nach meiner Annahme, daß hoher Siliziumgehalt die Abnutzungsfestigkeit verschlechtere, müßten die Proben 17 *C* und 18 *C* den höchsten Verschleiß zeigen, die Proben 28 *C* und 27 *C* den geringsten. Die Vorversuche zeigten schon Unterschiede von 0,1 bis 0,2% Si, die mich einen Einfluß des Siliziums vermuten ließen. Dies ist jedoch nicht der Fall. Vergleichsweise müßten 18 *C* und 24 *C* bei 0,3% Si erheblich im Verschleiß differieren, während 20 *C* und 19 *C* bei gleichem Si-Gehalt 0,3 g Differenz zeigen. Gerade die Proben 28 *C* und 27 *C* müßten wegen ihres niedrigen Si-Gehaltes einen großen Widerstand gegen Abnutzung bieten.

Tabelle 3.

Proben Nr.	16 C	15 C	17 C	20 C	21 C	19 C	22 C	18 C	24 C	26 C	23 C	25 C
Graphit in Prozent des Gesamtkohlenstoffes	94,3	94,3	82,5	98,5	91,5	98,5	92,0	82,5	86,5	78,5	86,5	78,5
Abnutzung . .	36,1	29,8	3,82	1,12	0,84	0,80	0,63	0,54	0,52	0,51	0,43	0,42

Ich habe auf Grund dieser widersprechenden Ergebnisse diesen Weg, vom Si-Gehalt auf den Verschleißwiderstand zu schließen, verlassen

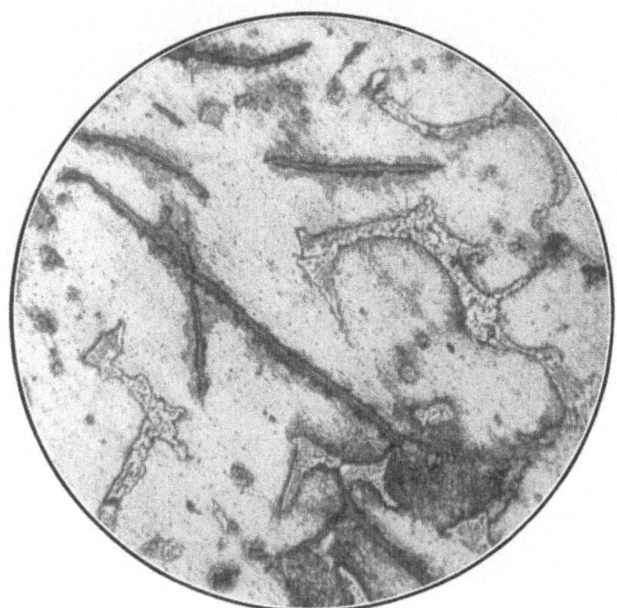

Abb. 47. Grauguß, fast rein ferritisch. 100 × Vergr.

und bin einer Ansicht Kühnels gefolgt. (Gieß. 1924, 11. Jg., 16. Heft, S. 212.) Er glaubt, daß zwischen Bearbeitbarkeit und Abnutzung die nächsten Beziehungen bestehen. Zumeist werden allerdings diese Beziehungen nur ganz vorsichtig angedeutet oder gar in Zweifel gesetzt. Als eine Bearbeitbarkeitsprobe könne z. B. die Keßnersche Bohrprobe in Frage kommen. Es wären also hier die Ergebnisse der Keßnerschen Versuche meinen Untersuchungen gleichzustellen, da Verschleiß oder Abnutzung nichts weiter ist als eine Bearbeitung, also eine Abtrennung kleinster Spänchen. Ich bin dieser Ansicht nachgegangen. Keßner (Dissertation Königsberg 1915) kommt zu dem Schluß, daß

1. eine beträchtliche Steigerung der Bearbeitbarkeit mit wachsendem Siliziumgehalt eintritt, wobei gleicher Querschnitt der Proben

und gleiche Abkühlungsgeschwindigkeit bei sonst gleicher chemischer Zusammensetzung vorausgesetzt sind;

2. folgert er, daß diejenigen Gußeisensorten den höchsten Wert der Bearbeitbarkeit erreichen, bei denen ein Maximum des Gesamtkohlenstoffs als Graphit ausgeschieden ist.

Als Vergleich zu 1. kann ich meine Untersuchungen nicht anführen, da die Proben die Forderungen nicht erfüllen.

Zu 2. stelle ich Graphitgehalt und Abnutzung meiner Proben gegenüber, unter Verzicht auf die Proben 28 *C* und 27 *C*, da sie zu stark aus dem Rahmen annähernd gleicher chemischer Zusammensetzung fallen.

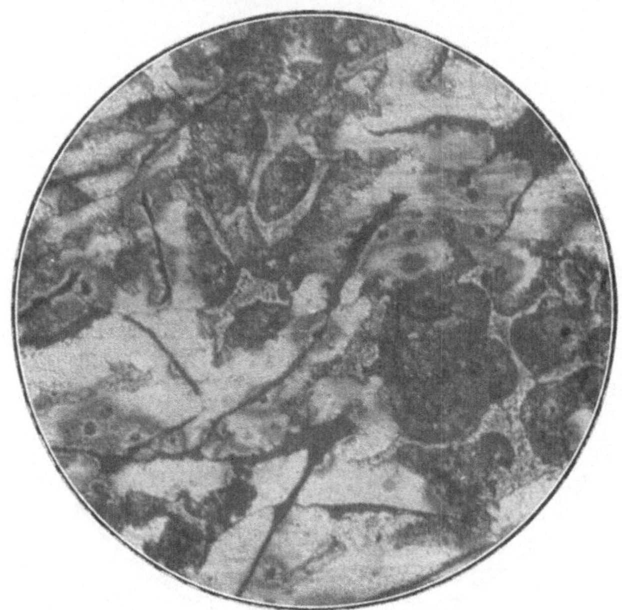

Abb. 48. Grauguß mit etwa 95% Ferrit. 100 × Vergr.

Aber auch in dieser Zusammenstellung zeigt sich, daß Proben mit gleicher Menge Graphit in Hundertteilen des Gesamtkohlenstoffs keineswegs gleiche Abnutzung haben, z. B. 17 *C* und 18 *C*, die fast gleiche chemische Zusammensetzung haben. Ich konnte mich deshalb nicht entschließen, die Bearbeitbarkeit der Abnutzung gleichzusetzen. Eine mikroskopische Untersuchung ergab, daß die Graphitkeime bei fast gleichen Klötzen teilweise ganz verschieden ausgebildet waren; ich sah mich veranlaßt, der Ursache dieser Erscheinung nachzugehen.

Sämtliche Proben wurden der Gefügeprüfung unterzogen. Ohne Berücksichtigung der Abnutzungsfestigkeit habe ich die Proben nach den Ferritanteilen geordnet und in Tab. 4 zusammengestellt. Die Beobachtungen sind an dieser Probe an vier Stellen durchgeführt; dort sind die Ferrit- bzw. Perlitanteile gemessen und zu einem Mittelwert verrechnet worden. Zum Vergleich dienen Abb. 47 bis 50. Ich habe mich auf diese wenigen Aufnahmen beschränken müssen, da weitere die Übersicht stören würden[1].

Tabelle 4.

Vergleichsbild	Aufbau Ferrit %	Aufbau Perlit %	Versuch Nr.	Abnutzung g
47	fast rein	—	15 *C*, 16 C	29,8, 36,1
48	etwa 95	etwa 3	17 *C*	3,82
—	„ 75	„ 20	20 *C*	1,12
—	„ 60	„ 30	19 *C*, 21 *C*	0,80, 0,84
49	„ 50	„ 40	22 *C*	0,63
—	„ 25	„ 60	28 *C*, 27 *C*	1,15, 1,17
—	„ 10	„ 75	18 *C*, 26 *C*, 24 *C*	0,54, 0,51, 0,52
—	„ 5	„ 90	25 *C*, 23 *C*	0,42, 0,43
50	„ 1	„ 95		

Es geht aus dieser Zusammenstellung hervor, daß die Abnutzungsgröße in der Hauptsache von den Gefügebestandteilen abhängt. Der

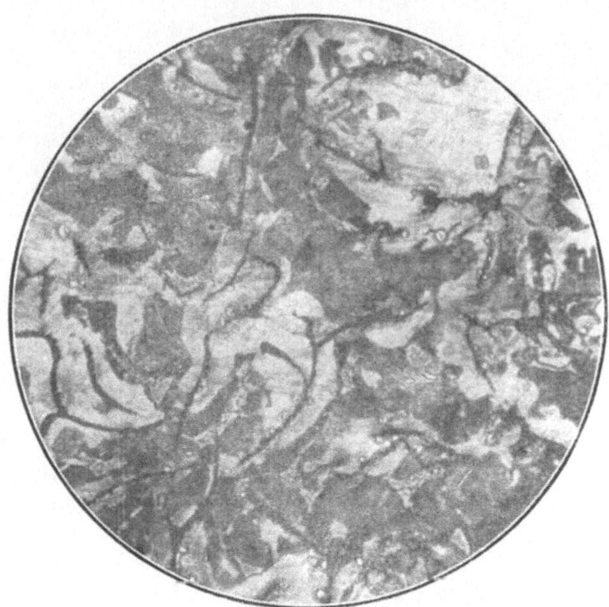

Abb. 49. Grauguß mit etwa 50% Ferrit. 100 × Vergr.

gefährliche Bestandteil ist der Ferrit, während der Perlit der Verschleiß verhindernde ist. Den deutlichsten Beweis dafür liefern mir die Proben 15 *C* und 16 *C*, deren Gefüge fast rein ferritisch waren; der Verschleiß war außerordentlich hoch. Probe 17 *C* hatte prozentual annähernd

[1] Im Original sind noch weitere 5 Schliffbilder, die hier weggelassen wurden, enthalten.

dieselben Bestandteile, jedoch war ihre Ausbildung bedeutend feiner (vgl. Abb. 47 und 48). Nach meinen weiteren Gefügebetrachtungen ist meines Erachtens dies aber nicht von ausschlaggebender Bedeutung. Ich habe nach eingehenden Untersuchungen folgende Gegenüberstellungen gemacht, die mich zu den besten Resultaten geführt haben:

1. Wie groß sind Ferrit- bzw. Perlitanteile?
2. Wie sind Graphit- und Phosphideutektikum ausgebildet?

Betrachtet man Abb. 47 und 48, deren Ferritanteile annähernd gleich, deren Abnutzungswerte aber sehr unterschiedlich sind, so glaubt man zunächst, daß die Ausbildung der Graphitnadeln maßgebend ist.

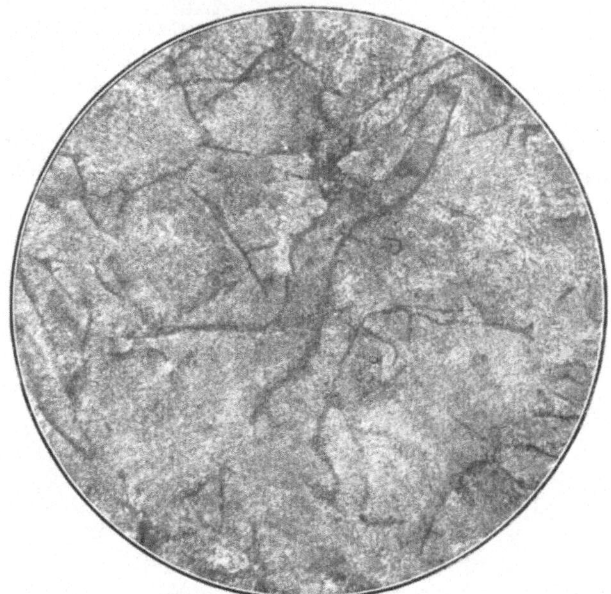

Abb. 50. Grauguß, fast rein perlitisch.

Probe 15 *C* müßte nach Art der Graphitnadeln bedeutend weniger verschleißen als 17 *C*. Die groben Nadeln bei 15 *C* können meines Erachtens viel leichter ihre Schmierwirkung ausüben als die kleinen Nadeln bei 17 *C*.

Ich schreibe diesen vorschnellen Verschleiß dem Phosphideutektikum zu. Als härtester Gefügebestandteil in diesem ferritischen Eisen spielt das Eutektikum die Rolle des Schmirgels. Es findet bei der Abnutzung ein Herausreißen von ganzen Kristallkomplexen statt, die in der Umgebung des Eutektikums liegen. Mir war bis dahin der hohe Verschleiß der Proben 27 *C* und 28 *C* unerklärlich. Die erwähnte Tatsache habe ich aber erst an diesen Proben feststellen können, indem ich eine der Proben an einer Seitenfläche poliert und geätzt der Abnutzungsprüfung unterzog. Hier beobachtete ich, daß das Phosphideutektikum an der beanspruchten Fläche herausgerissen war und die umgebenden Perlitkörner stark in Mitleidenschaft gezogen waren. So kommt es, daß trotz des etwa 60proz. Perlitanteils die Proben 27 *C* und 28 *C* fast denselben Verschleiß zeigen wie 20 *C* mit etwa 20% Perlit.

Im Sinne dieser Beobachtungen habe ich die Prüfungen vorgenommen und habe den geringsten Verschleiß bei fast rein perlitischem Gefüge gefunden. Die Graphitmenge und die -ausbildung haben nach meinen Versuchen keinen wesentlichen Einfluß auf die Abnutzung. Es ist z. B. in den Proben 17 *C* und 19 *C* die Graphitausbildung annähernd gleich und doch ihre Verschleißfestigkeit sehr verschieden, während die Proben 19 *C* und 21 *C* bei gleichem Verschleiß verschiedene Graphitausbildung und -menge haben.

b) Das Verhalten von Gußeisen gegenüber hartem Gußeisen von 203 Brinell-Einheiten, Reihe *D*.

1. Proben: Bremsklotzguß, Zylinderguß und Kolbenschieberbuchsenguß von 113 bis 191 Brinell-Einheiten.
2. Prüfscheibe: harter Grauguß von 203 Brinell-Einheiten.
3. Anpreßdruck: 20 kg/2,5 cm².
4. Laufzeit: zwei Stunden.
5. Umdrehungen: $n = 400$ min.

Im Anschluß an die bisherigen Versuche sollen die folgenden zeigen, ob eine Übereinstimmung der für Stahl gezeitigten Ergebnisse auch für die Prüfung Gußeisen/Gußeisen möglich ist. Um diese Versuche denen des vorhergehenden Abschnittes ähnlich zu machen, habe ich die Klötzchen zunächst gegen eine harte Graugußscheibe laufen lassen. Die Vorbedingungen für die Prüfungen wurden erfüllt, indem zunächst die Brinell-Härte bestimmt, darauf die Klötzchen (nach Abb. 44) auf 2,5 cm² Lauffläche bearbeitet und sauber geschliffen wurden.

In der nachstehenden Tab. 5 sind die Werte nach steigender Brinell-Härte geordnet und in Abb. 51 graphisch wiedergegeben.

Tabelle 5.

Versuch Nr.	Brinell-Härte	Gewichtsabnahme in Gramm			Bemerkungen
		nach 1 Stunde	nach 2 Stunden	Summe	
15 *D*	113	0,25	0,18	0,43	Bremsklotzguß
16 *D*	117	0,19	0,22	0,41	
30 *D*	125	1,20	0,20	0,40	Zylinderguß
29 *D*	127	2,98	0,35	1,33	
33 *D*	128	0,43	0,40	3,83	Kolbenschieberbuchsenguß
18 *D*	129	0,16	0,17	0,33	Bremsklotzguß
19 *D*	141	0,10	0,10	0,20	
21 *D*	142	0,11	0,18	0,29	
17 *D*	152	0,14	0,15	0,29	
20 D	154	0,18	0,13	0,31	
28 *D*	163	0,09	0,07	0,16	
24 *D*	164	0,08	0,06	0,14	
27 *D*	165	0,09	0,06	0,15	
23 *D*	169	0,10	0,06	0,16	
22 *D*	175	0,11	0,12	0,23	
26 *D*	185	0,09	0,07	0,16	
25 *D*	191	0,09	0,09	0,18	

Die Werte der Abnutzung sowie der Verlauf der Kurve in Abb. 51 zeigen ziemliche Ähnlichkeit wie beim Verhalten Gußeisen/Stahl. Abgesehen von den Proben 15 *D* und 16 *D* haben die Werte unter 130 Brinell-Einheiten wiederum eine starke Abnutzung, während von dort ab der Verschleiß annähernd auf einer Geraden verläuft, die unabhängig von der Brinell-Härte der Klötzchen im Werte von 0,2 g Verlust das Schaubild durchläuft.

Ich habe auch hier die Beobachtung gemacht, daß die Probe unter 130 Brinell-Einheiten in der ersten Stunde einen starken Verschleiß hatten, der jedoch nicht in solchem Umfange vorhanden war wie bei Gußeisen/Stahl. Zweifellos war hier die Graphitschmierung der maßgebende Faktor. Ich habe an der Prüfscheibe keine Abnutzung feststellen können, beobachtete aber, daß sie sich an der Graphitschmierung beteiligte. Bei den harten Proben 25 *D* und 26 *D* trat die Schwarzfärbung zuerst auf der Scheibe auf, während die Lauffläche der Klötzchen noch hell blieb. Bei den Proben 15 *D* und 16 *D* war die Lauffläche der Proben sowie die der Prüfscheibe stark glasig geworden. Ich habe diese Erscheinung bei Gußeisen/Stahl nicht gefunden; dort blieben die Proben bis zuletzt aufgerauht und löcherig.

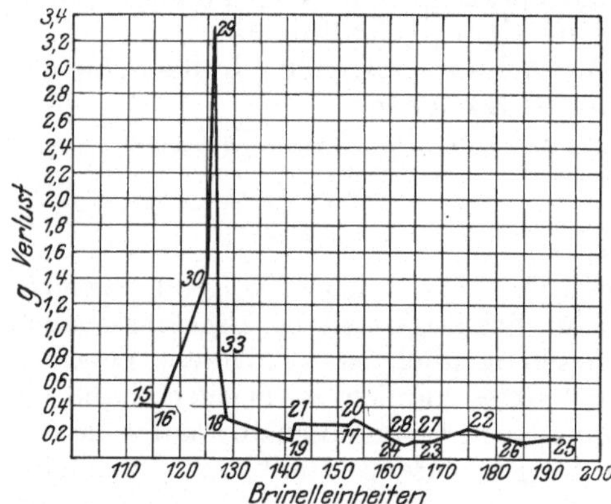

Abb. 51. Beziehungen zwischen Brinell-Härte und Abnutzung für Reihe *D*.

I. E. Hurst (Iron Coal Trades Rev. 1918, 15. November, S. 546) beobachtete dieses Glasigwerden an den Gasmaschinenzylindern, indem er feststellte, „daß die Abnutzung auf einen Zerfall der Oberfläche zurückzuführen ist. Man kann feststellen, daß die Oberfläche solcher Zylinder mit lauter kleinen Löchern bedeckt ist, die von den losgelösten Kristallkörnern herstammen, aus denen das Eisen zusammengesetzt ist.

Wenn gußeiserne, aufeinander bewegte Maschinenteile längere Zeit in Gebrauch gewesen sind, nehmen sie ein glasiges Aussehen an, und der Grad der Abnutzung scheint sich zu verringern. Man hat festgestellt, daß bei Reibungskupplungen der Reibungskoeffizient stark mit dem Zustande der Oberflächen wechselt und beim Glasigwerden schnell sinkt. Dasselbe hat sich beim Kolben und Zylinder von Verbrennungsmotoren und schnellaufenden Dampfmaschinen herausgestellt. Zweifellos ist das glasige Aussehen solchen Gußeisens auf die plastische Zerstörung der Oberflächenkörner zurückzuführen. Bei den Zylindern von Verbrennungsmotoren kann man häufig beobachten, wie eine Schicht des abgeriebenen Materials die ganze Oberfläche bedeckt und so die feinen Vertiefungen ausfüllt, die bei der Bearbeitung durch den Werkzeugstahl entstanden sind. Wenn man diese Schicht vorsichtig entfernt, treten die Vertiefungen wieder zutage. Überhaupt ist die Art der Oberflächenbearbeitung von großem Einfluß auf die Abnutzung. Ein grob gearbeitetes Futter eines Zylinders nutzt sich anfänglich sehr schnell ab und der entstehende Abrieb gibt häufig Veranlassung zu plötzlichen Störungen. Das macht sich besonders bei Gußeisen geltend, das wegen seiner Sprödigkeit sehr empfindlich gegen grobe Einwirkungen der Werkzeugstähle ist. Seine Oberfläche erhält kleine Risse und Löcher und wird wenig widerstandsfähig gegen die reibenden Kräfte. Aus diesem Grunde ist es auch erklärlich, daß man bei Dieselmotoren mit von innen geschliffenem Futter viel bessere Erfahrungen gemacht hat als mit irgendwie anders bearbeitetem Futter.“

Ich habe die Lauffläche bei schwacher Vergrößerung (20fach) betrachtet und konnte die Hurstschen Beobachtungen bei den Proben 15 *D* und 16 *D* bestätigt finden. Der Abrieb ließ sich mit einer feinen Stahlnadel aus den kleinen Unebenheiten leicht entfernen. An den übrigen Proben habe ich das Glasigwerden nicht beobachtet; hier verhielten sie sich wie die Proben Gußeisen/Stahl, die Lauffläche war überall leicht aufgerauht.

Das Erscheinen des Glasigwerdens konnte ich auch am Gang der Maschine bemerken, die bei den anderen Proben während der Prüfzeit immer ein schürfendes Geräusch erzeugte, welches bei den glasigen Proben nicht eintrat.

Hurst führt an, daß die Art der Oberflächenbearbeitung von großem Einfluß auf die Abnutzung ist. Ich möchte nicht versäumen, zu bemerken, daß ich bei der Herstellung der Proben darauf die größte Sorgfalt gelegt habe, da meines Erachtens sich nur dann Vergleichswerte erzielen lassen, wenn diese Forderung erfüllt ist. Wie bei den schon angeführten Gußeisen/Stahl-Proben habe ich bei den Gußeisen/Gußeisen-hart-Proben sowie bei den folgenden Gußeisen/Gußeisen-weich-Proben die Schleifrichtung immer in die Laufrichtung der Prüfscheibe gelegt.

Die chemischen Eigenschaften sind in Tab. 6 in Abhängigkeit zur Abnutzung gebracht. Obgleich diese Untersuchung wenig Aussicht auf Erfolg hatte, glaubte ich den einmal beschrittenen Weg innehalten zu müssen, um eine Gegenüberstellung zu den Gußeisen-Stahl-Proben zu ermöglichen.

Tabelle 6.

Versuch Nr.	C %	Graphit %	Mn %	Si %	P %	S %	Abnutzung g	Brinell-Härte
15 *D*	2,96	2,81	0,44	2,45	0,88	0,18	0,43	113
16 *D*	2,96	2,81	0,44	2,45	0,88	0,18	0,41	117
30 *D*	2,91	2,61	0,65	2,78	0,55	0,15	1,40	125
29 *D*	2,93	2,62	0,65	2,78	0,55	0,15	3,33	127
33 *D*	2,83	2,56	0,70	0,65	0,16	0,10	0,83	128
18 *D*	3,01	2,50	0,43	2,63	0,78	0,24	0,33	129

Tabelle 6 (Fortsetzung).

Versuch Nr.	C %	Graphit %	Mn %	Si %	P %	S %	Abnutzung g	Brinell-Härte
19 *D*	2,94	2,89	0,44	2,57	0,72	0,20	0,20	141
21 *D*	2,84	2,60	0,44	2,57	0,97	0,22	0,29	142
17 *D*	3,00	2,49	0,44	2,64	0,78	0,24	0,29	152
20 *D*	2,94	2,89	0,45	2,57	0,72	0,20	0,31	154
28 *D*	2,74	1,96	1,04	0,86	0,41	0,28	0,16	163
24 *D*	2,95	2,55	0,44	2,37	0,92	0,13	0,14	164
27 *D*	2,74	1,97	1,04	0,86	0,41	0,28	0,15	165
23 *D*	2,95	2,55	0,44	2,37	0,92	0,13	0,16	169
22 *D*	2,84	2,60	0,44	2,57	0,96	0,23	0,23	175
26 *D*	2,90	2,28	0,44	2,50	0,95	0,17	0,16	185
25 *D*	2,90	2,28	0,44	2,50	0,95	0,17	0,18	191

Hier zeigt sich viel stärker als bei den Gußeisen-Stahl-Proben die Unabhängigkeit der Abnutzung von der chemischen Zusammensetzung. Vergleicht man die Proben 28 *D*, 23 *D* und 26 *D*, die die gleiche Abnutzung haben, so zeigen die Analysenwerte starke Verschiedenheit. Umgekehrt zeigen Proben mit fast gleicher Zusammensetzung verschiedene Werte in der Abnutzung, wenngleich diese nicht so stark differieren.

Ich habe es unterlassen, bei diesen Versuchen von der Abnutzung Rückschlüsse auf die Bearbeitbarkeit im Sinne der Keßnerschen Versuche zu ziehen. Meines Wissens sind Bearbeitungen von Gußeisen durch Gußeisen noch nicht vorgenommen worden (Tab. 7).

Tabelle 7.

Vergleichsbild	Ferrit %	Perlit im Aufbau %	Graphit	Versuch Nr.	Abnutzung g
6	fast rein	—	dicke grobe Nadeln	15 *D*, 16 *D*	0,43, 0,41
7	etwa 95	etwa 3	viel feine Nadeln	30 *D*, 29 *D* 33 *D*	1,40, 3,33 0,83
	„ 75	„ 20	mittelgrobe Nadeln	17 *D*, 20 *D* 18 *D*	0,29, 0,31 0,33
	„ 60	„ 30	lange dünne Nadeln	19 *D*, 21 *D* 22 *D*	0,20, 0,29 0,23
8	„ 50	„ 40	mittelstarke Nadeln	23 *D*, 24 *D*	0,16, 0,14
	„ 25	„ 60	wenig mittelstarke Nadeln	25 *D*	0,18
	„ 10	„ 75	mittelstarke Nadeln	26 *D*	0,16
	„ 5	„ 90	mittelstarke Nadeln	27 *D*	0,15
9	„ 1	„ 95	mittelstarke Nadeln	28 *D*	0,16

Die Gefügeprüfung ergab einen ähnlichen Zusammenhang der Abnutzungsgröße mit den Gefügebestandteilen wie bei Gußeisen/Stahl. Wiederum ist der gefährliche Bestandteil der Ferrit, während mit steigendem Perlitgehalt der Verschleiß abnimmt. Ich habe nicht unterlassen, das Material der Prüfscheibe mikroskopisch zu untersuchen. Es bestand aus etwa 90% Perlit mit mittelstarken Graphitnadeln.

Abgesehen von den Proben 15 *D* und 16 *D* ergeben die gefundenen Werte keinen wesentlichen Unterschied von denen der Gußeisen/Stahl-Untersuchung, werden aber durch Beteiligung der Prüfscheibe an der Graphitschmierung stark gedrückt. Das verschleißfördernde Phosphideutektikum kommt dadurch wenig zur Wirkung. Bei den Proben 15 D und 16 D habe ich feststellen können, daß die Lücken, aus denen Körner herausgerissen waren, vollkommen mit Abrieb ausgefüllt waren, was das eingangs erwähnte Glasigwerden verursachte. Dieses Zusetzen habe ich an den übrigen Proben nur in ganz geringem Maße beobachten können. Zweifellos muß bei diesen Versuchen die Oberflächenbeschaffenheit der Prüfscheibe eine große Rolle gespielt haben.

c) Das Verhalten von Gußeisen gegenüber weichem Gußeisen von 152 Brinell-Einheiten. Reihe *E*.

1. Proben: Bremsklotzguß von 105 bis 188 Brinell-Einheiten.
2. Prüfscheibe: weicher Guß, 152 Brinell-Einheiten.
3. Anpreßdruck: 20 kg/2,5 cm².
4. Laufzeit: 2 Stunden.
5. Umdrehungen: $n = 400$ min.

Es erschien mir nicht unwichtig, die Frage des Verhaltens von Gußeisen zu weichem Gußeisen zu erörtern, nachdem ich die Versuche an hartem Guß ausgeführt hatte. Nach den vorherigen Ergebnissen müßte eine noch beträchtlichere Schmierung durch Graphit eintreten und der Verschleiß noch weiter sinken.

Ich habe die Proben unter gleichen Versuchsbedingungen laufen lassen und die Ergebnisse in Tab. 8 und Abb. 52 zusammengestellt, nach steigender Brinell-Härte geordnet.

Tabelle 8.

Versuch Nr.	Brinell-Härte	Gewichtsabnahme in Gramm		Summe
		nach 1 Std.	nach 2 Std.	
16 *E*	105	0,25	0,17	0,42
15 *E*	129	0,27	0,28	0,55
18 *E*	143	0,28	0,16	0,44
21 *E*	147	0,12	0,14	0,26
19 *F*	149	0,18	0,17	0,35
23 *E*	151	0,08	0,09	0,17
17 *E*	157	0,25	0,14	0,39
28 *E*	159	0,12	0,09	0,21
25 *E*	167	0,09	0,08	0,17
26 *E*	170	0,10	0,09	0,19
20 *E*	171	0,20	0,16	0,36
24 *E*	172	0,11	0,10	0,21
22 *E*	175	0,17	0,16	0,33
27 *E*	188	0,09	0,09	0,18

Bemerkenswert bei diesen Proben ist die Tatsache, daß der starke Verschleiß unter 130 Brinell-Einheiten wegfällt. Nimmt man das Mittel der Kurve (Abb. 52) mit 0,3 g Abnutzung an, so liegen die Werte für Proben unter 130 Brinell-Einheiten nur 0,1 bis 0,2 g höher. Der

Verlauf der Kurve ist sonst ziemlich unregelmäßig. Ein Glasigwerden der Proben, wie in der vorigen Versuchsreihe, konnte ich bei keinem von diesen Versuchsstücken beobachten, ebenso blieb eine verstärkte Graphitschmierung aus, was ich anfangs nicht vermutete. Das Prüfscheibenmaterial zeigte im Gefügebau etwa 40% Perlit und etwa 50% Ferrit (Abb. 49) mit mittelstarken Graphitnadeln. Bei der Betrachtung der Lauffläche bei schwacher Vergrößerung fand ich, daß sie mehr oder weniger aufgerauht war. Die Nachmessung der Scheibe ergab eine Abnahme von 0,01 bis 0,03 mm vom Durchmesser. Es war also auch ein Verschleiß der Prüfscheibe eingetreten. Meines Erachtens hat hier der Abrieb der Probe sowie der Prüfscheibe fördernd auf den Verschleiß eingewirkt. Den härteren Teilchen war infolge der geringen Härte der Scheibe Gelegenheit gegeben, in diese einzudringen, um bei der nächsten Berührung mit dem Probeklötzchen als Schmirgel zu wirken. Trotz dieses die Abnutzung nicht unerheblich verändernden Einflusses habe ich auch bei diesen Proben die Abhängigkeit des Verschleißes von Gefügeaufbau festgestellt.

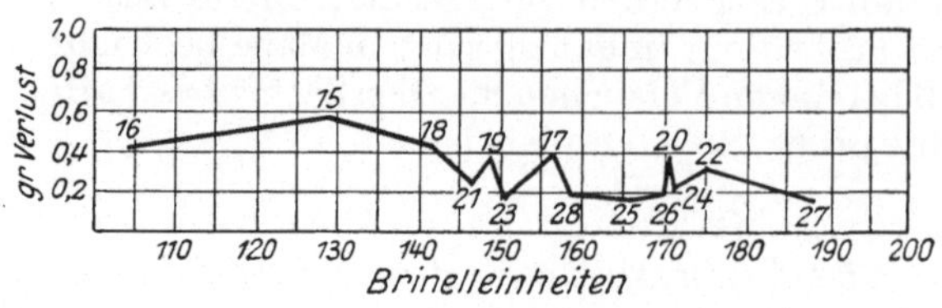

Abb. 52. Beziehungen zwischen Brinell-Härte und Abnutzung für Reihe *E*.

Die Tab. 9 bringt die einzelnen Werte.

Tabelle 9.

Vergleichsbild	Ferrit %	Perlit %	Graphit	Versuch Nr.	Abnutzung g
47	fast rein	—	dicke grobe Nadeln	15 *E*, 16 *E*	0,55, 0,42
48	etwa 95	etwa 3	viele feine Nadeln	17 *E*, 18 *E*	0,39, 0,44
—	„ 75	„ 20	mittelgrobe Nadeln	19 *E*, 20 *E*	0,35, 0,36
—	„ 60	„ 30	lange dünne Nadeln	21 *E*, 22 *E*	0,26, 0,33
49	„ 50	„ 40	mittelstarke Nadeln	24 *E*	0,21
—	„ 25	„ 60	wenig mittelstarke Nadeln	26 *E*	0,19
—	„ 10	„ 75	mittelstarke Nadeln	25 *E*	0,17
—	„ 5	„ 90	mittelstarke Nadeln	23 *E*, 27 *E*	0,17, 0,18
50	„ 1	„ 95	mittelstarke Nadeln	—	—

Zusammenfassung der Versuchsergebnisse.

Das Ergebnis der vorliegenden Arbeit kann wie folgt zusammengefaßt werden:

1. Das Verhalten von Gußeisen gegenüber Stahl:

a) Es ist nachgewiesen worden, daß Kugeldruckhärte und Abnutzung in keinem Verhältnis zueinander stehen.

b) Es ist die Feststellung gemacht worden, daß die chemische Zusammensetzung keinen Aufschluß über die Abnutzungsfestigkeit gibt.

c) Es ist festgestellt worden, daß die Bearbeitbarkeit im Sinne der Keßnerschen Versuche der Abnutzung nicht gleichgestellt werden kann.

d) Es ist nachgewiesen worden, daß die Graphitausbildung und -menge keinen wesentlichen Einfluß auf den Abnutzungswiderstand hat.

e) Es wird der Nachweis erbracht, daß die Verschleißfestigkeit mit steigendem Perlitgehalt zunimmt, schädlich beeinflußt durch das Vorhandensein von Phosphideutektikum.

f) Es ist festgestellt worden, daß Grauguß mit rein perlitischem Gefüge die geringste Abnutzung hat.

2. Das Verhalten von Gußeisen gegenüber hartem Gußeisen.

a) Es ist nachgewiesen worden, daß Kugeldruckhärte und Abnutzung voneinander unabhängig sind.

b) Es ist der Nachweis erbracht worden, daß die chemische Zusammensetzung keinen Aufschluß über die Abnutzungsfestigkeit gibt.

c) Es ist festgestellt worden, daß reibender und geriebener Teil an der Graphitschmierung teilnehmen und daß diese verschleißhindernd wirkt.

d) Es ist nachgewiesen worden, daß die Verschleißfestigkeit mit steigendem Perlitgehalt zunimmt, ohne wesentlichen schädlichen Einfluß des Phosphideutektikums.

e) Es ist der Beweis erbracht, daß reibende Gußteile mit rein perlitischem Gefüge die geringste Abnutzung haben.

3. Das Verhalten von Gußeisen gegenüber weichem Gußeisen.

a) Es ist festgestellt worden, daß keine Beziehung zwischen Kugeldruckhärte und Abnutzung besteht.

b) Es ist die Feststellung gemacht worden, daß die Abnutzung unabhängig von der chemischen Zusammensetzung ist.

c) Es ist festgestellt worden, daß reibender und geriebener Teil in geringerem Umfange an der Graphitschmierung teilnehmen.

d) Es ist der Beweis erbracht, daß die Verschleißfestigkeit mit steigendem Perlitgehalt zunimmt, aber durch schmirgelnde Wirkung herausgerissener Teilchen der weicheren Prüfscheibe schädlich beeinflußt wird.

Alle zu dieser Arbeit erforderlichen Versuche wurden in der Mechanisch-technischen Versuchsanstalt des Eisenbahnzentralamtes Berlin der Deutschen Reichsbahngesellschaft ausgeführt. Ich bin dem Leiter dieser Anstalt, Herrn Reichsbahnrat Dr.-Ing. R. Kühnel, Regierungsbaurat a. D., für die Anregung zu dieser Arbeit und für die Unterstützung bei Ausführung der Versuche zu großem Dank verpflichtet.

Benutztes Schrifttum.

Abhandlungen.

Boynton, H. C.: Die Härte der Gefügebestandteile des Eisens. J. Iron Steel Inst. Bd. 2, S. 749. 1906; Brinell, I. A.: Ein neues Verfahren zur Feststellung des Abnutzungswiderstandes. Jernkontorets Annaler 1921, H. 9; Deutscher Verband für die Materialprüfungen der Technik. H. 74: Stand der Arbeiten des Ausschusses 21; Gregor, Mac und Stoughton: Der Verschleiß von Hartgußzahnrädern und -getrieben. Proc. Am. Soc. Testing Materials Bd. 11, S. 822. 1911; Hurst, I. E.: Die Abnutzung des Gußeisens und Verhalten gegen Reibung. Iron Coal Trades Rev. 1918, 15. November, S. 546; Keßner, A.: Die Prüfung der Bearbeitbarkeit der Metalle und Legierungen, unter besonderer Berücksichtigung des Bohrverfahrens. Diss.

Königsberg 1915; Kühnel, R.: Die Abnutzung des Gußeisens. Gieß. 1924, H. 16; Kühnel, R.: Die Abnutzung des Gußeisens. Gieß. 1924, H. 33 bis 36; Kühnel, R.: Die Abnutzung des Gußeisens. Gieß. 1925, H. 2; Kühnel, R.: Der Aufbau hochwertigen grauen Gußeisens in seiner Beziehung zur chemischen Zusammensetzung und zu den mechanischen Eigenschaften. Stahleisen Jg. 45, Nr. 35, S. 1461; Kühnel, R. und E. Nesemann: Das Gefüge hochwertigen grauen Gußeisens. Stahleisen Jg. 44, Nr. 35, S. 1042; Leyde, O.: Die Prüfung des Gußeisens. Z. V. D. I. 1904, S. 169; Nusbaumer, E.: Die Abnutzung von Metallen. V. Kongreß des Internationalen Verbandes für die Materialprüfungen der Technik 1909; Reid, Ch. O.: Die Prüfung der Abnutzung. Testing 1924, H. 1, S. 93; Saniter, E. H.: Härteprüfung und Widerstand gegen mechanische Abnutzung. VI. Kongreß des Internationalen Verbandes für die Materialprüfungen der Technik, 1912; Stadeler, A.: Die Abhängigkeit der Abnutzung von dem Gefügeaufbau. Stahleisen Jg. 45, Nr. 28, S. 1195.

Bücher.

Martens, A.: Materialienkunde für den Maschinenbau Bd. 1; Martens, A. und E. Heyn: Materielienkunde für den Maschinenbau Bd. 2; Oberhoffer, P.: Das technische Eisen; Hanemann, H.: Einführung in die Metallographie und Wärmebehandlung.

Das Wachsen des Gußeisens[1].

Von Karl Sipp und Franz Roll.

Literaturbericht. — Versuche über das Verhalten von Gußeisen: *A* bei überhitztem Dampf von 450 bis 500°; *B* beim Glühen bei einer Temperatur von 600 bis 1000°.

Unter Wachsen des Gußeisens versteht man die Volumenzunahme eines Gußstückes, nachdem es eine gewisse Zeit unter höherer Temperatur — Feuerungsgase, Heißdampf usw. — gestanden hat und wieder abgekühlt ist, im Gegensatz zu der Wärmedehnung, die bei Abkühlung wieder zurückgeht.

Das Wachsen stellt eine Gefügeumsetzung und Auflockerung dar, die selbstverständlich eine Festigkeitsminderung zur Folge hat. Um nur ein Beispiel zu nennen, hat man an gußeisernen Turbinengehäusen häufig die Beobachtung gemacht, daß das Eisen schon nach verhältnismäßig kurzer Betriebsdauer so weich und bröcklig wurde, daß man es mit dem Messer schneiden konnte.

Das Wachsen des Gußeisens hat also eine außerordentliche Bedeutung für die Technik, da hiervon die Lebensdauer der betroffenen Bauteile stark beeinflußt wird und durch die Zerstörung derselben nebenher großer Schaden entstehen kann. Es sind deshalb, im Schrifttum weit zurückgreifend, eine große Anzahl Arbeiten erschienen, die der Aufklärung der Frage dienen sollen. Die Behandlung des Problems gestaltete sich wegen des untersuchten Einflusses der zahlreichen Komponenten des Gußeisens auf das Wachstum ziemlich verwickelt.

In nachstehendem soll zunächst ein Überblick über die einschlägige Literatur gegeben und danach über die bei der Firma Heinrich Lanz,

[1] Erschienen in: Gieß.-Zg. 1927, S. 229 u. 280. Mit Weglassung des im Original enthaltenen Abschnitts C: Untersuchung an Roststäben.

Aktiengesellschaft, Mannheim, von den Verfassern angestellten Untersuchungen und deren Ergebnisse berichtet werden. An den Untersuchungen war zu einem früheren Zeitpunkt auch Herr Dr.-Ing. W. Hahn (Köln) beteiligt, dem hiermit für seine Mitarbeit gedankt wird.

Der besseren Übersicht wegen sind in der Besprechung des Schrifttums die Stoffe C, Si, P, Mn und S der Reihe nach behandelt.

Die Frage, wie sich der Kohlenstoff in seiner Form als Fe_3C bzw. Graphit bezüglich des Wachsvorganges verhält, ist nach dem heutigen Stand des Schrifttums noch nicht entschieden.

Die dilatometrischen Untersuchungen an Kohlenstoffstählen mit wenig Verunreinigungen, die von Dulong, Petit, Fizeau, Carpy, Driesen[1] und anderen angestellt wurden, lassen erkennen, daß in dem Bereich der Kohlenstoffprozente bis 3,9% mit den in Stählen üblichen Begleitelementen ein irreversibles Wachsen in größerem Maße nicht auftritt (s. auch Oberhoffer und Piwowarsky). Auch Rugan und Carpenter[2] fanden gemeinsam im Bereich von 0,15 bis 4% C bei geringem Prozentsatz von Begleitelementen und bei weißem Gefüge keine Volumenänderung. An grauen Legierungen mit etwas höherem Si-Gehalt ließ sich jedoch merkliches Wachstum erkennen. Es ist von diesen Forschern daraus der Schluß gezogen worden, daß der Graphit eine ausschlaggebende Rolle spielt. Aus den Arbeiten von Hull[3] geht aber

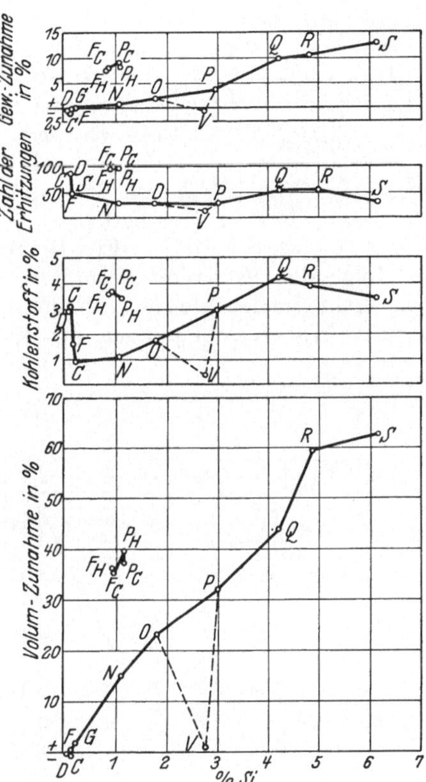

Abb. 53 Proportionalität zwischen Wachstum, Korrosion und Silizium bei Gußeisen. Kurve nach H. F. Rugan (angegebene Werte): „J. Iron Steel Inst. 4. Oktober 1912.

[1] Le Chatelier: Comptes Rendus 1893, S. 129; Dulong und Petit: Ann. Chim. Phys. 1817, H 7, S. 113; Fizeau: Comptes Rendus 1869, H. 68, S. 1125; Andrews: Poggend. Ann. 1869, H. 138, S. 26 und Proc. Roy. Soc. 1887/88, H. 43, S. 299; Zakrezewski: Krak. Anz. 1889, Jg. 19, Nr. 10; Svedelius: Phil. Mag. Vol. XCVI (1898); Charpy und Grenet: Comptes Rendus 1902, H. 134 und The Metallogr. 1903, H. 6; Dittenberger: Mitt. Forsch. Ing., H. 9, S. 60; Driesen: Fer. 1914, Jg. 11, H. 5, S. 129.

[2] H. F. Rugan und H. C. H. Carpenter: J. Iron Steel Inst. 1909, II, H. 29, S. 143; Trans. of the Am. Inst. of Min. Eng. 1905, Vol. XXXV, H. 223, S. 44; H. F. Rugan: J. Iron Steel Inst. 1912, 4. Oktober.

[3] Thos. E. Hull, J. A. N. Friend, J. H. Brown: Proc. of the Chem. Soc. 1911, H. 124, 15. Mai.

hervor, daß nicht der Graphit in erster Linie das Wachsen veranlaßt. Daß die Stärke der mit dem Wachsen einhergehenden Korrosion von der Größe der Graphitblätter abhängig ist, ist von Campbell und Glasford[1] ausgesprochen worden, ohne das Verhalten dieser beiden Momente gegeneinander abzuwägen. Hier setzt später E. Schüz[2] ein, der versuchte, mit dem eutektischen Graphit ohne weitere Rücksichtnahme auf das Begleitelement Si die kleinsten Wachswerte zu erzielen. Auch Piwowarsky[3], Hurst[4] und Honegger[5] stellten fest, daß die Form des Graphits eine gewisse Rolle spielt, derart, daß er bei höheren Temperaturen Kanäle für das Eindringen der Feuergase in das Gefüge abgibt.

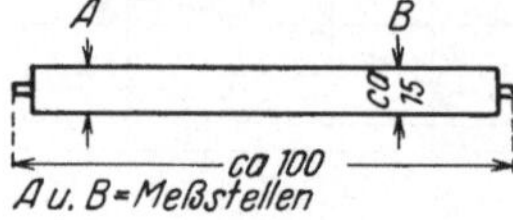

Abb. 54. Abmessung und Form der Gußeisenstäbe für die Heißdampfversuche.

Ein Vortrag von Carpenter[6] und die darauf folgende Diskussion enthalten die Mitteilung, daß der Graphit sich nicht immer gleich verhält und daß kalt erblasenes Eisen die geringsten Wachserscheinungen mit sich bringt.

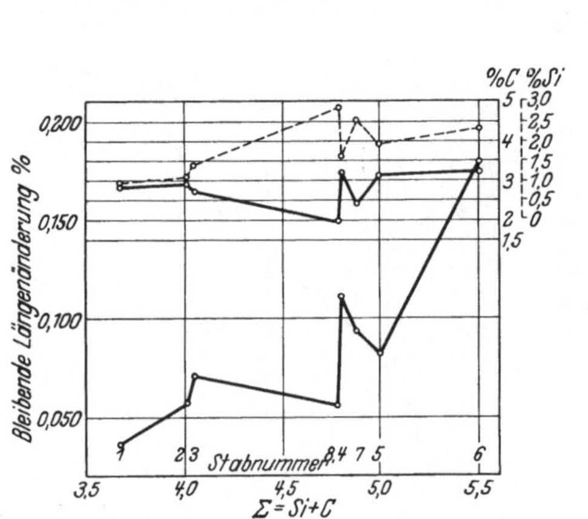

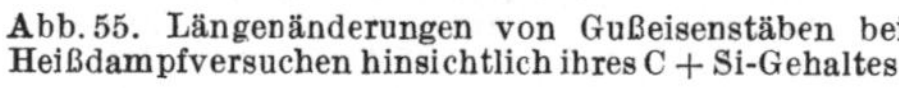

Abb. 55. Längenänderungen von Gußeisenstäben bei Heißdampfversuchen hinsichtlich ihres C + Si-Gehaltes.

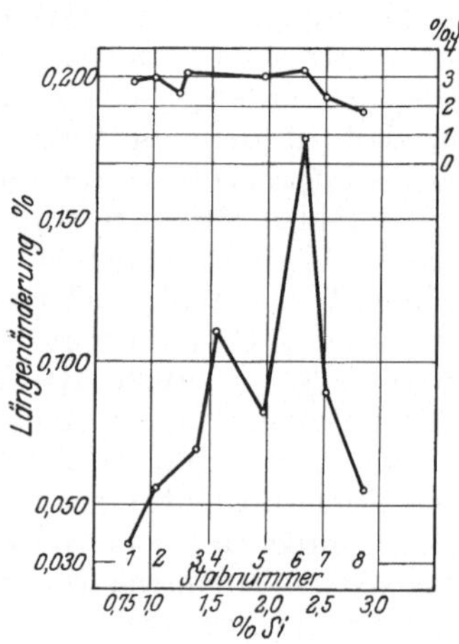

Abb. 56. Längenänderungen von Gußeisenstäben bei Heißdampfversuchen hinsichtlich ihres Si-Gehaltes.

Beachtlich ist in diesem Zusammenhang die Temperatur, bei welcher der Graphit mit Sauerstoff gemäß der Gleichung $C + O_2 = CO_2$

[1] Campbell und Glasford: Mitt. d. Intern. Verb. f. Materialprüf. (New York) 1912.

[2] E. Schüz: Stahleisen 1924, 28. August und Stahleisen 1925, 29. Januar; Gieß.-Zg. 19 26, S. 417.

[3] E. Piwowarsky: Gieß. 1926, S. 481; Gieß.-Zg. 1926, Nr. 14 u. 15, S. 379 u. 414.

[4] J. E. Hurst: Iron Coal Trades Rev. 1918, S. 415 und Stahleisen 1919, S. 881.

[5] E. Honegger: B. B. C.-Mitt. 1925, S. 202.

[6] H. C. H. Carpenter: Proc. 1912, Vol. XXVIII; Stahleisen 1911, S. 866; J. Iron Steel Inst. 1911, S. 819 und Stahleisen 1913, H. 1280, Nr. 9.

oder $2\,C + O_2 = 2\,CO$ eine Reaktion eingeht, die von Stead[1] erst bei 700 °C festgestellt wurde, wobei noch bei 900 °C eine Umsetzung des graphitischen Kohlenstoffes mit dem FeO bzw. Fe_3O_4 stattfinden soll (s. Untersuchungen von E. Schenk[2]. Demgegenüber fällt auf, daß Piwowarsky[3] in seinen bei einer Dampftemperatur von 350 °C durchgeführten Versuchen eine Abnahme des Gesamtkohlenstoffes von 10 bis 15% gefunden hat. Andrew und Hymann[4] wieder stellten ein Ausbrennen des Graphits bei höheren Temperaturen fest, ebenso Rugan und Carpenter an den Randzonen ihrer Versuchsstücke bei 800 bis 950 °C.

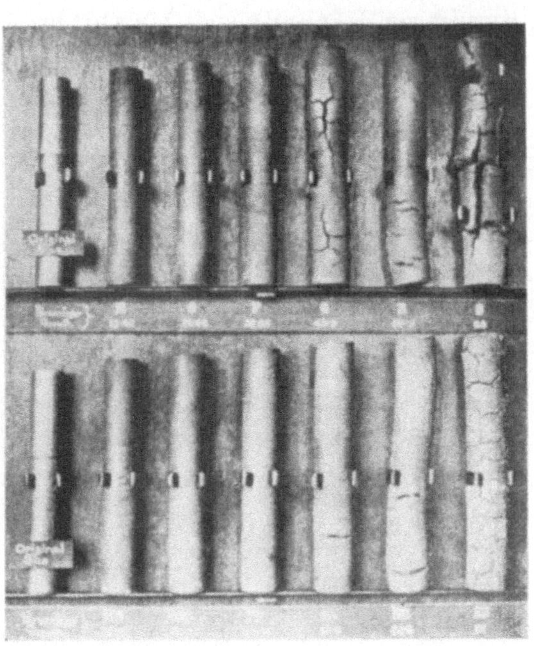

Abb. 57. Zertrümmerung von Gußeisen bei steigender Temperatur und steigendem Si-Gehalt. Aus H. F. Rugan und H. C. H. Carpenter: J. Iron Steel Inst. 1909, H. II, S. 96.

Da bei rein zementitischem Gefüge die Legierungen zunächst nur wenig wachsen, so ist versucht worden, weißes Eisen für hohe Temperaturen zu verwenden. Die Untersuchungen von Donaldson[5], von Rugan und Carpenter ergeben aber, daß zwar das Wachstum gering ist, solange das Gefüge weiß ist, daß aber periodische Temperaturschwankungen und konstante Feuereinwirkung die labile Verbindung Fe_3C in Temperkohle und Ferrit abbauen, die den endgültigen Wachswert stark erhöhen.

Als das am stärksten auf das Wachsen des Gußeisens wirkende Element ist schon seit langem das Silizium erkannt. Die Abhandlungen hierüber begreifen meistens die Korrosion ein, z. B. sprechen Rugan und Carpenter von einer Proportionalität zwischen Wachstum, Korrosion und Silizium (Abb. 53). Das hängt wohl damit zusammen, daß Si im Gußeisen gerade bezüglich seines Einflusses auf die Korrosion sich anders verhält wie andere Elemente, die im Zustande des Misch-

[1] Stead: J. Iron Steel Inst. 1911, 9. Mai.
[2] Schenk: Stahleisen 1926.
[3] E. Piwowarsky: Gieß. 1926, S. 481.
[4] Andrew und Hymann: J. Iron Steel Inst. 1924, 10. Mai.
[5] J. W. Donaldson: Foundry Trade Journ. 1925, 18. Juni.

kristalls den geringsten oder keinen Korrosionsanreiz geben, während hier Si stets als Mischkristall auftritt und die Korrosion sich mit zunehmendem Si steigert. Rugan und Carpenter kommen bei ihren Temperaturversuchen mit Eisen von 1,07 bis 6,14% Si bei den Maximalwerten zur vollständigen Zertrümmerung des Materials (Abb. 57). Sie empfehlen als Fazit ihrer Arbeit 0,2 bis 0,3% Si-haltige Legierungen, schlagen jedoch später[1] zwecks besserer Vergießbarkeit 0,58% Si bei 2,60% C vor. Ähnlich geht aus den Arbeiten von Hurst[2] und den Kurven von Kennedy und Oswald[3] und den Arbeiten von Carpenter der Einfluß des Si auf den Wachsvorgang hervor. Die gemeinsamen

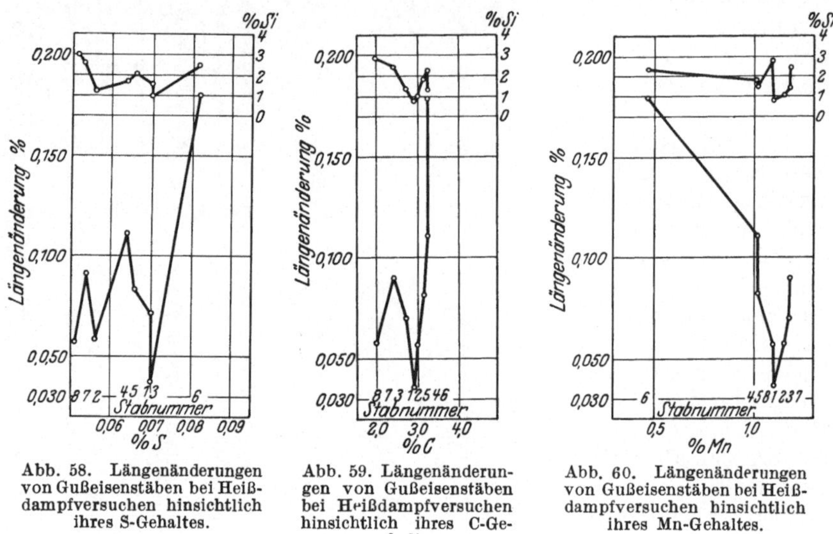

Abb. 58. Längenänderungen von Gußeisenstäben bei Heißdampfversuchen hinsichtlich ihres S-Gehaltes.

Abb. 59. Längenänderungen von Gußeisenstäben bei Heißdampfversuchen hinsichtlich ihres C-Gehaltes.

Abb. 60. Längenänderungen von Gußeisenstäben bei Heißdampfversuchen hinsichtlich ihres Mn-Gehaltes.

Arbeiten von Campbell und Glasford stellten den größten Korrosionswert bei 5,5% Si fest. French[4] bestätigt durch Versuche die Richtigkeit des Vorschlages von Carpenter, daß bei 0,2 bis 0,3% Si die Eigenschaft des Aufblähens fortfällt. Nach ihm (French) soll Eisen, das für höhere Betriebstemperaturen bestimmt ist, neben diesen geringen Gehalten an Si weißes Gefüge aufweisen. Auch aus den Versuchen von Richmann[5] geht der Einfluß des Siliziums auf das Wachstum deutlich hervor. Glasford und Campbell[6] erklären die Oxydation des Eisensilizids als primäre Wachstumsursache. Dieser Theorie,

[1] H. F. Rugan und H. C. H. Carpenter: J. Iron Steel Inst. 1909, Vol. II, S. 29.

[2] J. E. Hurst: Foundry Trade Journal 1925, H. 49 und 52.

[3] R. R. Kennedy und G. J. Oswald: The Met. Ind. 1926, S. 395.

[4] French: L'Usine 1926, H. 21, 11. Dezember.

[5] A. J. Richmann: Foundry Trade Journal 1925, 26. November, S. 449; 3. Dezember, S. 471.

[6] Campbell und Glasford: Mitt. d. Intern. Verb. f. Materialprüf. (New York) 1912.

die sich auf die Gleichung $Si + O_2 = SiO_2$ und $2\,Fe + O_2 = 2\,FeO$ stützt, steht die Überlegung von Kikuta[1] gegenüber, welche die dilatometrischen Effekte von Ac_1 und Ar_1 bei gleichzeitiger irreversibler Auflockerung des Gefüges zur Grundlage hat. Letztere Untersuchung wird durch Arbeiten von Oberhoffer und Piwowarsky[2] zum Teil bestätigt. Honegger will im Silizium nicht den Hauptfaktor für das Wachsen sehen, wenn er ihm auch die indirekte Bedeutung als graphitbildendes, den Guß nur wenig plastisch machendes und Risse erzeugendes Element zuspricht. Er nimmt an, daß die Oxydation der Metalle selbst das Wachsen bedingt. Durch seine eigenen Versuchsergebnisse scheint diese Annahme gestützt. Soweit er sich aber auf den Ausnahme-

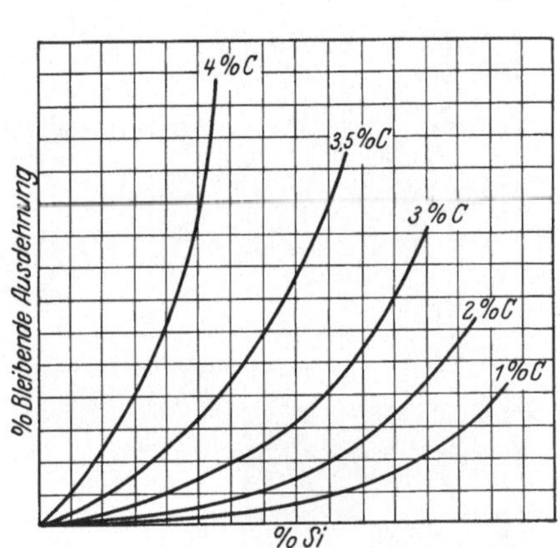

Abb. 61. Theoretische Kurve zur Darstellung des Abhängigkeitsverhältnisses der C- und Si-Gehalte auf die Längenänderung.

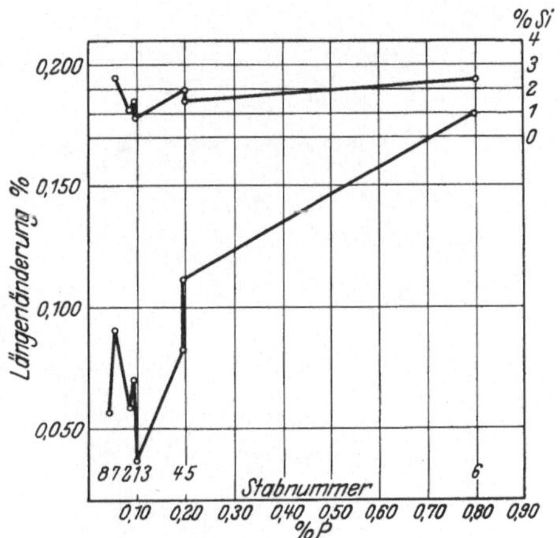

Abb. 62. Längenänderungen von Gußeisenstäben bei Heißdampfversuchen hinsichtlich ihres P-Gehaltes.

fall der Arbeit von Campbell und Glasford[3] bezieht, die bei etwa 2% Si einen Knick in der Wachstumskurve erhielten, übersieht er, daß in diesem Fall andere Faktoren mitspielten und daß diese beiden Forscher doch allgemein die Proportionalität von Si und Wachstum anerkannten. Auch die Arbeiten von Schüz, die Honegger anführt, widerlegen die stärkere Oxydation höher silizierten Gußeisens, also den Einfluß des Si, nicht. Widersprochen ist die Annahme Honeggers auch durch Oberhoffer und Piwowarsky[4], die bei erhöhtem Si erhöhtes Wachstum fanden.

In der Honeggerschen Richtung liegt auch die Auffassung von Stead, der dem SiO_2 eine schützende Rolle gegen tiefergehende Oxydation zuspricht.

[1] Kikuta: Science Rep. Tohoku-Univ. 4, 1922, H. 1; Rev. Mét. 1922, Sonderheft, S. 579.

[2] P. Oberhoffer und E. Piwowarsky: Stahleisen 1926, S. 1173.

[3] Campbell und Glasford: Mitt. d. Intern. Verb. f. Materialprüf. (New York) 1912.

[4] P. Oberhoffer und E. Piwowarsky: Stahleisen 1926, S. 1173.

Über den Einfluß des Begleitelements Phosphor in seiner Form als ternäres Eutektikum auf das Wachstum des Gußeisens gehen die

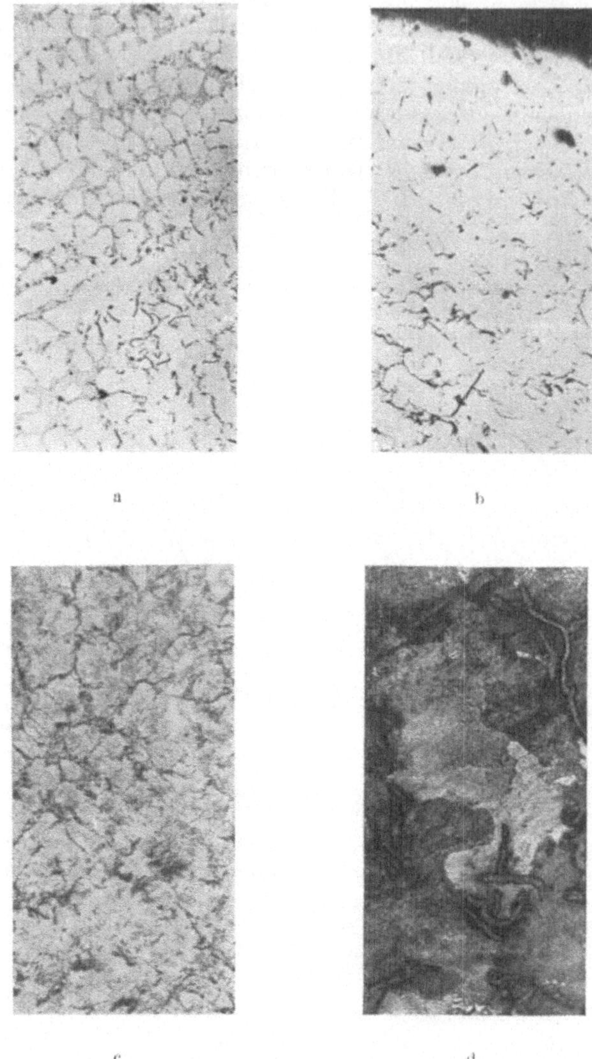

Abb. 63 a—d. Heißdampfversuch Stab Nr. 1.
a = unbehandelt, Rand 50 ×; b = behandelt, Rand 50 ×; c = behandelt, Mitte 50 ×; d = behandelt, Rand 300 ×.

Meinungen in der Literatur sehr auseinander. Carpenter und Hull schreiben dem Phosphor keine merkliche Wachseigenschaft zu. Carpenter äußert sogar die Ansicht, daß Phosphor schrumpfend wirke.

Beobachtungen von Hurst[1] an einem gerissenen Dieselmotor stehen dem entgegen, da Hurst behauptet, das Wachstum würde durch Phosphor vergrößert und durch den Phosphor und Silizium die Kohlenstoffabscheidung beschleunigt. Hurst legt dieser Absorption und Wiederausscheidung große Bedeutung bei, da mit dem oszillierenden Vorgang eine dauernde Rißneigung einhergehe. Späterhin allerdings verneint auch Hurst die Wirkung des Phosphors auf das Wachsen. Schüz sieht im Phosphor und im Schwefel wachstumfördernde Begleitelemente, deren Wirkung zusammen größer sein soll als diejenige des Si. Nach Richmann soll der Phosphorgehalt nicht über 0,3% betragen, um den von ihm beobachteten Einfluß auf das Wachstum zu unterbinden.

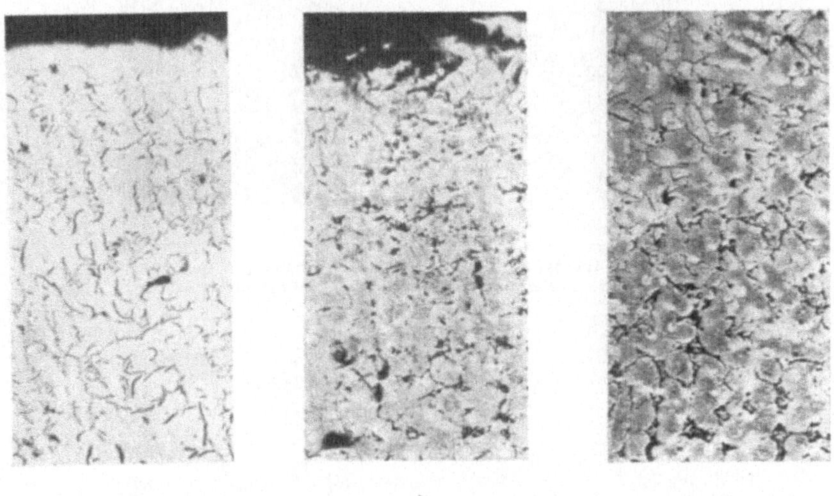

a b c

Abb. 64a—c. Heißdampfversuch Stab Nr. 2.
a = unbehandelt, Rand 50 ×; b = behandelt, Rand 50 ×; c = unbehandelt, Mitte 50 ×.

Ganz entgegengesetzter Meinung wieder sind Kennedy und Oswald, die gerade bei höherem Phosphorgehalt geringstes Wachsen beobachtet haben. Sie erklären das dahin, daß Phosphor im Gußeisen raumfüllend wirke und damit das Vordringen der Gase in das Innere verhindere. Andrew und Higgins[2], die ihre Versuche bei sehr hohen Temperaturen durchführten, kommen ebenfalls zu einer das Wachstum hemmenden Rolle des Phosphors mit der Begründung, daß das ternäre Eutektikum, das nach Carpenter bei 953° C schmilzt, das Eintreten der Gase verhindere. Gleichzeitig fanden sie geringere Korrosion.

Auch auf die durch die Verflüssigung des Steadits zusätzlich auftretende Volumenvergrößerung ist hingewiesen worden. Es ist aber nicht ohne weiteres ersichtlich, weshalb der bei der Erstarrung frei-

[1] J. E. Hurst: Eng. 1919, 4. Juli und Eng. 1916, S. 97 und Stahleisen 1917, S. 211; Foundry Trade Journal 1926, S. 137.

[2] J. H. Andrew und R. Higgins: Foundry Trade Journal 1925, S. 235.

werdende Raum nicht für das Phosphideutektikum bei dessen abermaliger Verflüssigung ausreichen sollte (s. Untersuchungen von Wüst[1]),

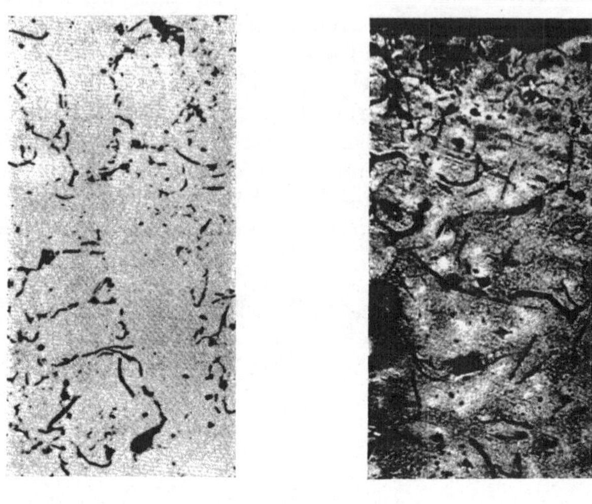

a b

Abb. 65 a u. b. Heißdampfversuch Stab Nr. 3.
a = unbehandelt, Rand 50 ×; b = behandelt, Rand 50 ×.

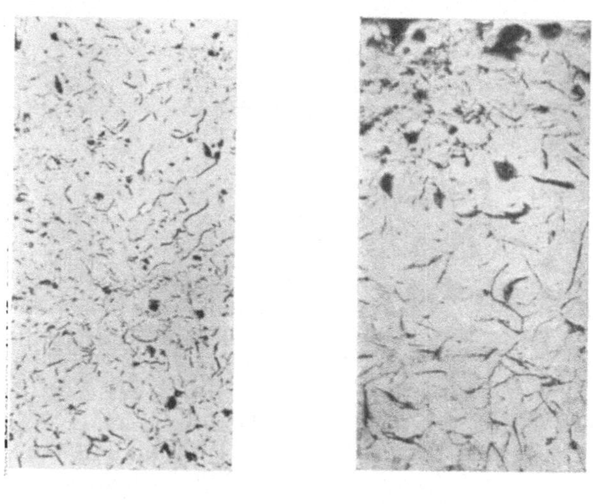

a b

Abb. 66 a u. b. Heißdampfversuch Stab Nr. 4.
a = unbehandelt, Rand 50 ×; b = behandelt, Rand 50 ×.

insbesondere da die Verflüssigung des Phosphideutektikums bei einer Temperatur stattfindet, bei welcher das Gußeisen schon so elastisch

[1] Wüst: Untersuchungen über Schwindung von Gußeisen. Gieß.

geworden ist, daß es eine geringe diskontinuierliche Volumenvergrößerung des Steadits erlauben würde.

Über den Einfluß des Mangans hat Carpenter sehr eingehende Versuche angestellt, deren Ergebnis ist, daß Mangan das Wachstum des Gußeisens nicht fördert, ja, daß sogar bei einem tiefer als 0,7% liegenden Si-Gehalt Mangan schrumpfend wirke. Versuche von Andrew und Hymann besagen, daß durch höhere Gehalte an Mangan das Wachsen des Gußeisens nicht verringert würde (s. auch Smalley[1]).

Schwefel kann nach Carpenter ebenso wie Mangan und Phosphor vernachlässigt werden. Schüz spricht dem Schwefel eine schädliche

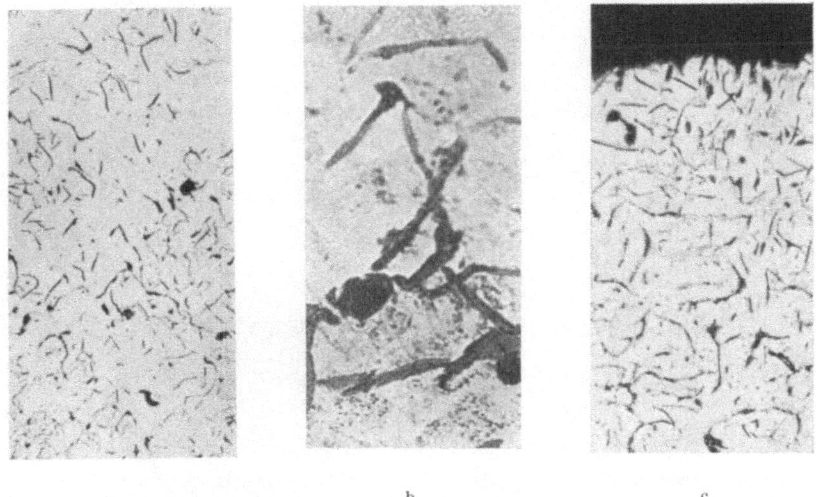

Abb. 67a—c. Heißdampfversuch Stab Nr. 5.
a = unbehandelt, Rand 50 ×; b = behandelt, Rand 300 ×; c = behandelt, Rand 50 ×.

Wirkung zu, Richmann bezeichnet einen Schwefelgehalt von 0,3% noch als zulässig. Grigoriwitsch[2] und Strumper[3] sehen das Mangansulfid und das Eisensulfid als kathodische Korrosionselemente an, während Speller[4] und Cobb[5] eingehender die Phosphide und Oxyde behandeln. In einer Untersuchung über die Diffusion des Schwefels und des Phosphors sind ähnliche schädliche Einflüsse durch den Schwefel auf das Gefüge von F. Roll[6] festgestellt worden.

Titan scheint das Wachstum zu hemmen, wie aus dem Zahlenmaterial von Kennedy und Oswald hervorgeht. Beide Forscher

[1] O. Smalley: Foundry Trade Journal 1926, H. 529 u. 531, S. 303 u. 343.
[2] K. P. Grigoriwitsch: J. Iron Steel Inst. 1925, H. 93, S. 394.
[3] Strumper: Comptes Rendus 1923. Bd. 176, S. 1316.
[4] F. N. Speller: Journ. Soc. Chem. Ind. 1912, H. 31, S. 263 und Eng. News 1908, H. 60, S. 497.
[5] J. W. Cobb: J. Iron Steel Inst. 1911, H. 83, S. 170.
[6] F. Roll: Gieß. 1927, H. 1.

führen das in ihrer Arbeit auf desoxydierende Vorgänge durch Titan zurück. Auf dieser Linie liegen auch die Feststellungen von Piwo-

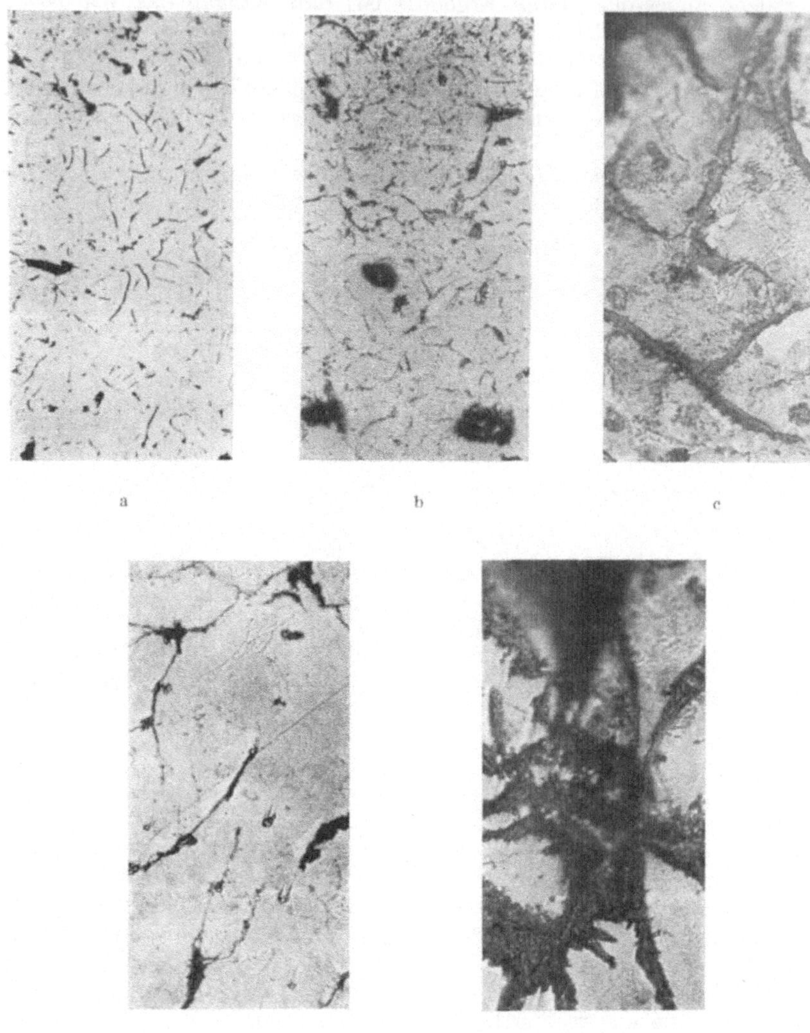

Abb. 68a—e. Heißdampfversuch Stab Nr. 6.
a = unbehandelt, Rand 50 × ; b = behandelt, Rand 50 × ; c = behandelt, Rand 300 × ; d = behandelt, $Rand_1$ 300 × ; e = behandelt, $Rand_2$ 300 ×.

warsky[1], daß durch Anwendung von Titan eine erhöhte Dichte des Gußeisens geschaffen wird. Aus den Heißdampfversuchen von Piwo-

[1] E. Piwowarsky: Stahleisen 1923, S. 1491; Oberhoffer: Das technische Eisen 1925, S. 545.

warsky geht hervor, daß Chrom in gleicher Weise eine verdichtende Wirkung ausübt. Über Nickel gehen die Meinungen (Piwowarsky, Glasford, Campbell, Kennedy und Oswald) dahin, daß es, ähnlich wie Si, das Wachstum fördert. Interessant ist in Verbindung hiermit die Feststellung von J. Young[1]), daß durch chemische Agenzien bei zunehmender Kernzahl eine verstärkte Korrosion eintritt.

Mit dem Wachsen des Gußeisens geht, wie einleitend gesagt, eine Festigkeitsminderung durch Umwandlung und Auflockerung des Gefüges einher.

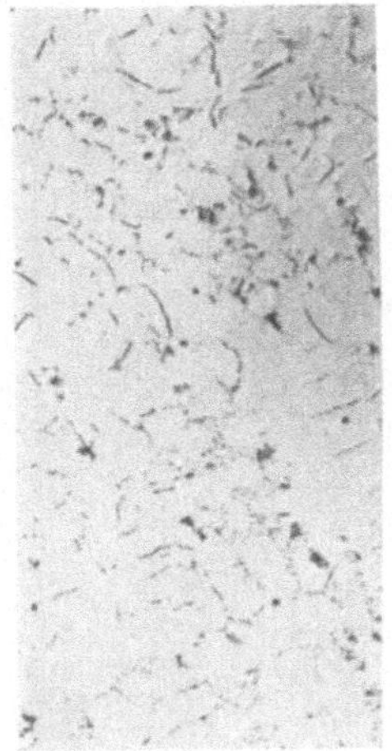

a

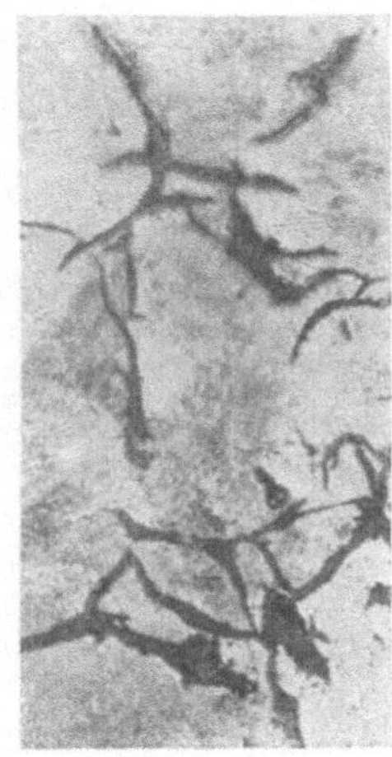

b

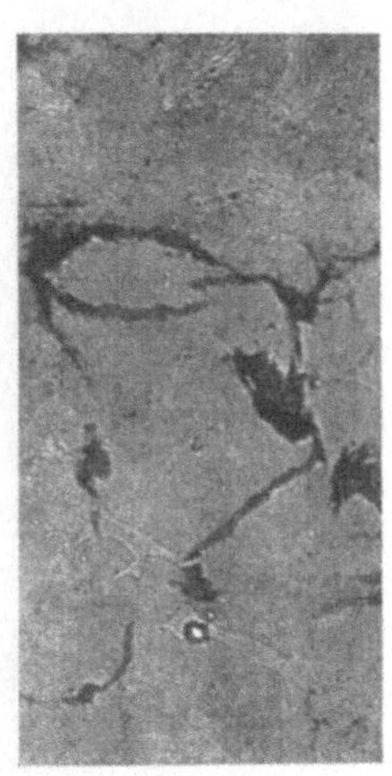

c

Abb. 69a—c. Heißdampfversuch Stab Nr. 7,
a = unbehandelt, Rand 50 ×. b = unbehandelt, Rand 300 ×. c = behandelt, $Rand_2$ 300 ×.

Outerbridge[1], ebenso Rugan und Carpenter haben 40% Verlust an Festigkeit ermittelt. Letztere berichten, daß das Material nach der Wärmebehandlung sich mit den Fingern zerbröckeln ließ. Dem Sinken der Festigkeit entspricht etwa die Volumenzunahme, die in den meisten Fällen 40% nicht überschritt, aber in einem Fall von Rugan und Carpenter 67% gemessen wurde. Outerbridge studierte besonders auch die Änderung des spezifischen Gewichts, das natürlich sinkt, da der erheblichen Volumenzunahme nur eine geringe Gewichtszunahme (bis zu 15%) gegenübersteht. Die Gewichtszunahme wird auf Oxydationseinflusse zurückgeführt, dem mindernd das Ausbrennen des Graphits bei über 700° (Stead) gegenübersteht.

Erklärungen des Wachsens des Gußeisens sekundärer Art sind mehrfach und in verschiedener Richtung gegeben worden, worauf im vorhergehenden schon hingewiesen wurde. Die verschiedenen Theorien seien hierunter zusammengestellt.

[1] J. Young: Foundry Trade Journal 1926, 5. August, S. 117.

[2] Outerbridge: Trans. Am. Inst. Min. Met. Engs. 1905, H. 35, S. 223 und Stahleisen 1904, S. 407.

Nach Outerbridge und nach Okochi und Sato[1] hat der Wachsvorgang den Druck der eingeschlossenen Gase zur Ursache. Rugan

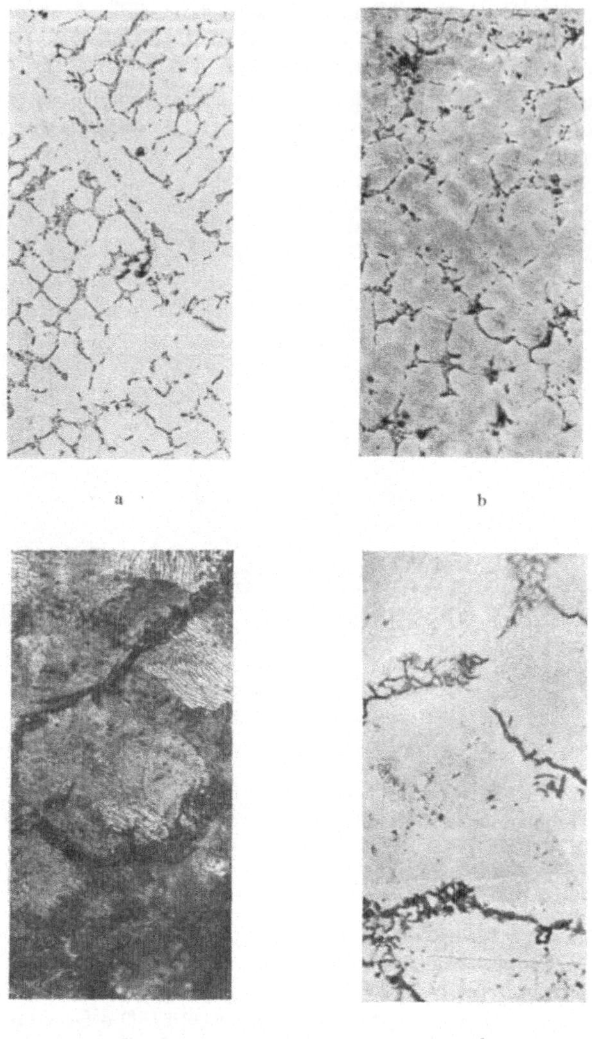

Abb. 70a—d. Heißdampfversuch Stab Nr. 8.
a = unbehandelt, Rand 50 ×. b = unbehandelt, Rand 50 ×. c = behandelt, Rand 300 ×.
d = behandelt, Rand 300 ×.

und Carpenter sehen dagegen die Wachsursache in Oxydationsvorgängen. In einem Sonderfall ziehen sie aber auch die Gasdrucktheorie

[1] M. Okochi und N. Sato: Journ. Coll. Engg. Tokyo Imp. Univ. 1920, H. 10, S. 3.

heran. Nach Oberhoffer und Piwowarsky beträgt der Gasdruck, berechnet nach Gay-Lussac, bei 1000° etwa 3 bis 4 kg je Quadratzentimeter, dieser Druck müßte also bei 1000° zur Sprengung des Gefüges ausreichend sein und nicht die Möglichkeit haben, durch das Graphitnetz sich nach außen auszugleichen. Entgegen steht aber die oben besprochene Erkenntnis, daß weißes Gußeisen zunächst schrumpft. Mit der Gasdrucktheorie läßt sich auch nicht die Piwowarskysche Feststellung erklären, daß das Wachsen im Heißdampf nur in einer Richtung (Dicke) sich auswirke, während anderseits die Quasi-Isotropie die Ausdehnung des Gußeisens nach drei Richtungen lehrt. Kikuta widerspricht der Gasdrucktheorie; nach ihm sollen die dilato-

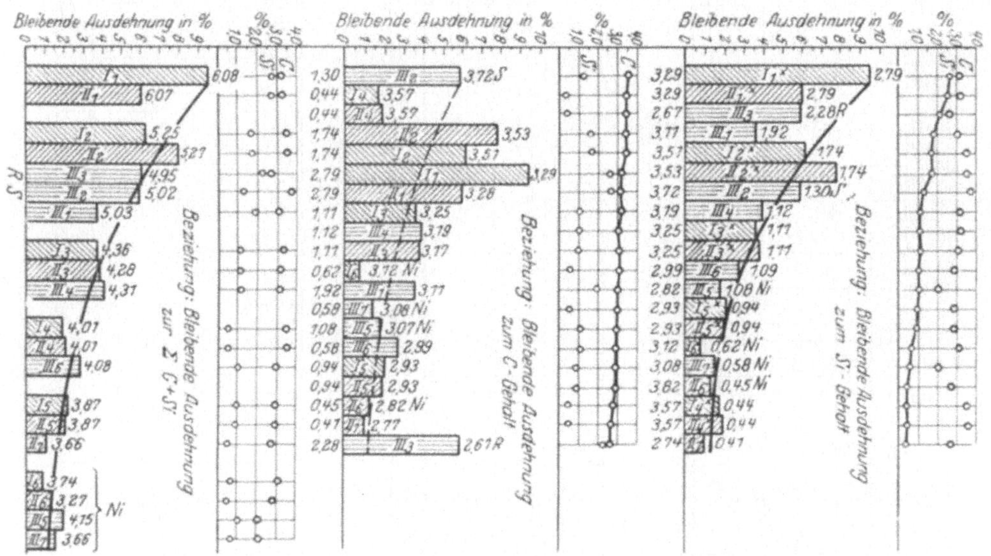

Abb. 71. Das Wachsen von Gußeisen bei Glühversuchen.

metrischen, auseinander liegenden Effekte von Ac_1 und Ar_1 die irreversible Auflockerung (Haarrisse) des Gefüges hervorrufen. Hurst stimmt der Erklärung von Kikuta zu, kombiniert aber damit noch den Oxydationseinfluß. Nach Hurst[1] entstehen durch die Ausdehnung von Graphitteilchen Rißbildungen, ferner wird ein Teil des Graphits durch die Bildung von Hardenit absorbiert, so daß größere Räume entstehen, als die Graphitteilchen ursprünglich einnahmen.

Entgegen der Theorie, daß die eingeschlossenen Gase das Material aufblähen, sagt Honegger, daß von außen Gase längs der Graphitadern in das Innere dringen und Oxydation des Metalls verursachen. Insbesondere sollen noch Honegger Temperaturschwankungen, die Spannungen hervorrufen, von erheblicher Bedeutung sein.

In seiner Arbeit, anschließend an die Überlegungen, die aus dem Spannungsabfall das Wachsen erklären wollen, greift Hurst zurück

[1] J. E. Hurst: Foundry Trade Journal 1926, S. 137.

auf Untersuchungen von Le Chatelier, Winkelmann und Schott, Norton, Green und Dall, die eine ähnliche Erscheinung des Wachsens an feuerfesten Steinen gefunden haben. Norton hat daraus eine

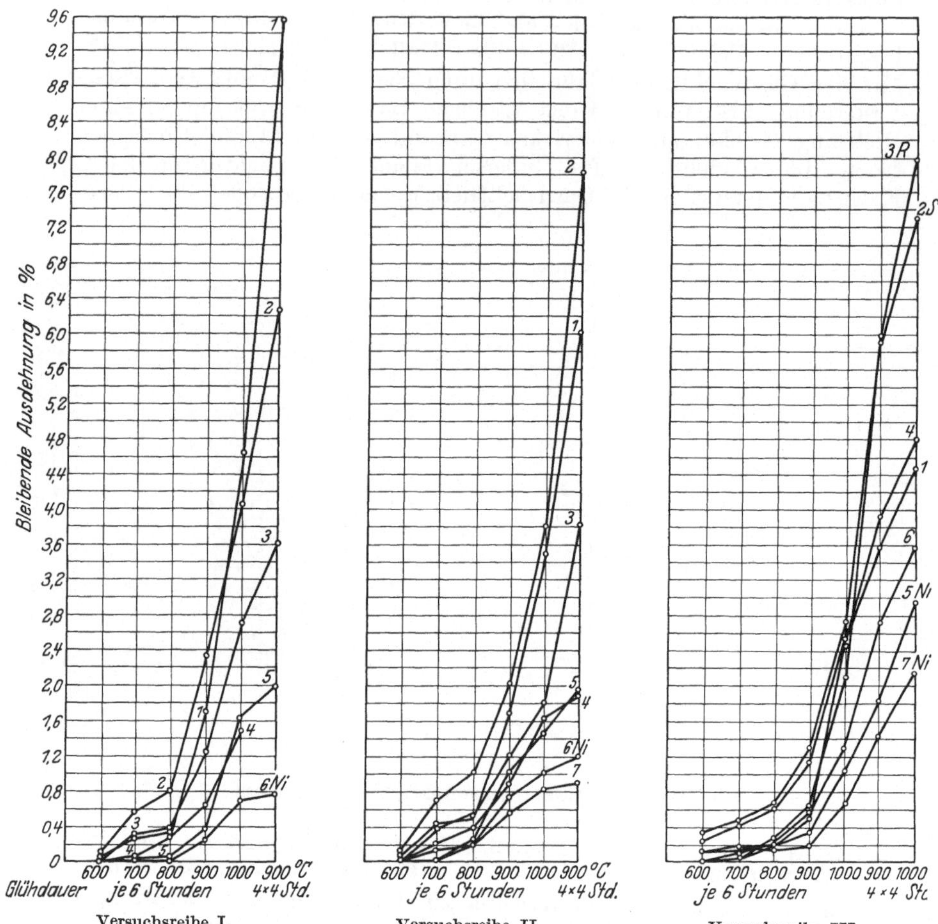

Versuchsreihe I. Versuchsreihe II. Versuchsreihe III.

Abb. 72. Das Wachsen von Gußeisen bei Glühversuchen.

Funktion zusammengestellt, die von Schott und Winkelmann korrigiert wurde, und welche wie folgt lautet:

$$S = \frac{E}{\frac{T}{M} \cdot h^2}.$$

S bedeutet die Neigung zum Auswachsen, E den Ausdehnungskoeffizienten, M den Elastizitätsmodul, T die Zugfestigkeit und h^2 den Wärmedurchgang. Nach dieser Formel ließe sich also ohne Rücksicht auf chemische Zusammensetzung und Gefügezustand die Größe des

Wachsens berechnen. Nach Hurst soll die Formel auf Gußeisen übertragbar sein.

Inwieweit die Wachswerte mit steigender Anzahl der Behandlungsperioden abnehmen, ist nicht mit Sicherheit bekannt, wohl aber be-

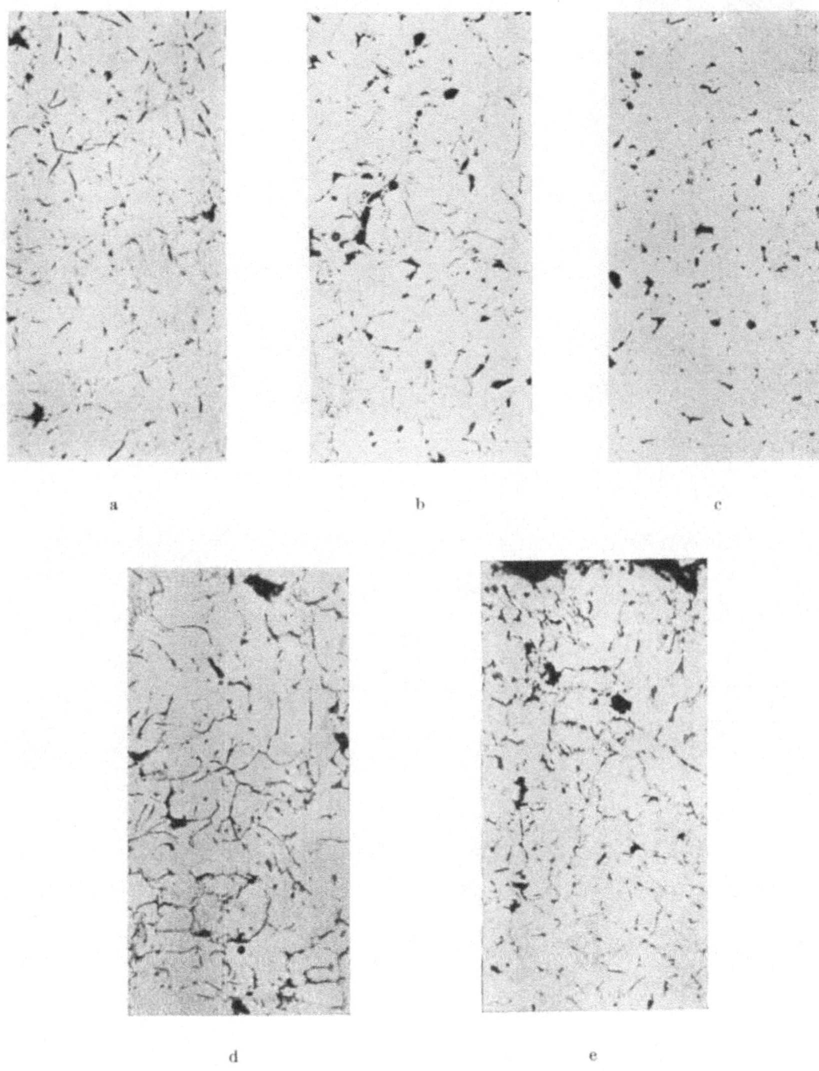

Abb. 73 a—e. Glühversuch Stab Nr. III_3.
a = 6 St. 600° Rand + Mitte 50 ×; b = 6 St. 700° Rand 50 ×; c = 6 St. 700°, Mitte 50 ×; d = 6 St. 1000°, Mitte 50 ×; e = 4 × 4 St. 900°, Rand 50 ×.

obachtet Andrew und Higgins und Carpenter, daß die Wachswerte am größten bei den ersten Erhitzungen sind, was mit der Bildung von Oxydationsschichten von Fe_3O_4 und FeO begründet wird. Nach Durand[1] ist die Volumenvergrößerung proportional der Erhitzungsgeschwindigkeit. Über die Temperaturen, die die höchsten Wachswerte

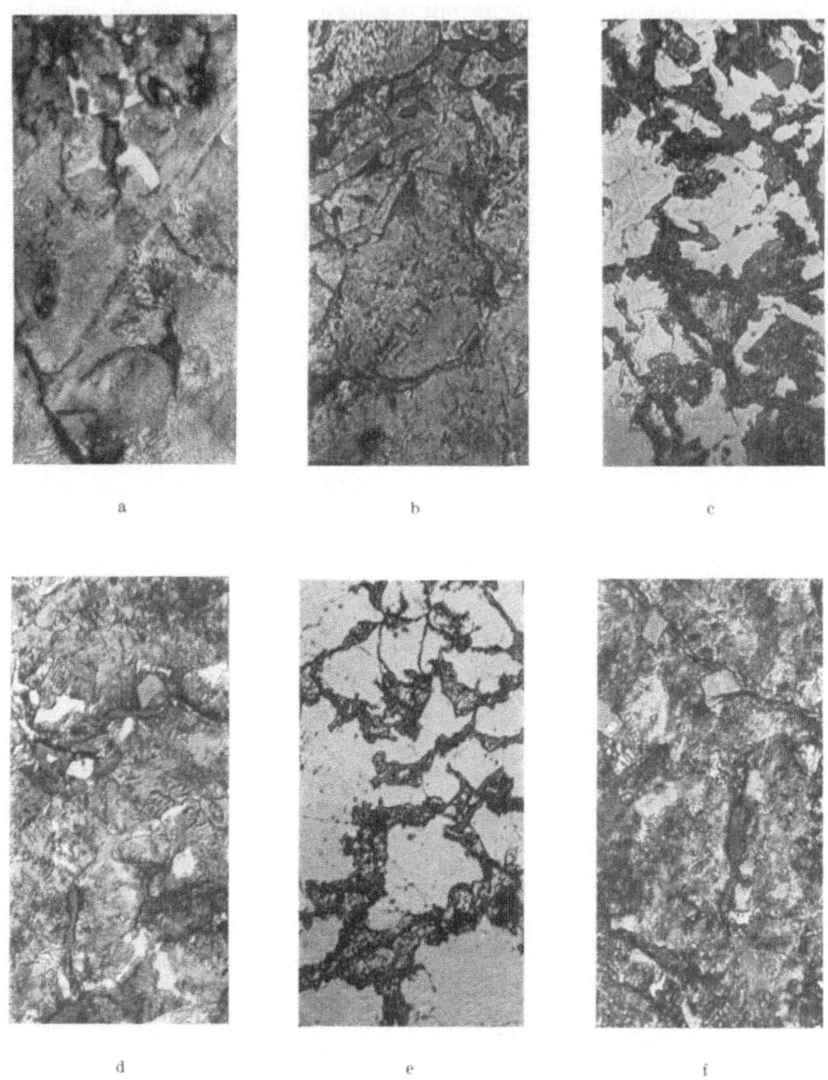

Abb. 74a—k.
a = Ausgangsmaterial 400 ×; b = 6 St. 600°, Rand + Mitte 400 ×; c = 6 St. 800°, Rand
g = 6 St. 1000°, Rand 400 ×; h = 6 St. 1000°, Mitte 400 ×;

ergeben, sind die Ansichten verschieden; Rugan und Carpenter nennen 700 bis 850°, Hull 600 bzw. 820°.

[1] Durand: Comptes Rendus Bd. 175, S. 522. 1922.

Um die Versuche in einen etwas engeren Rahmen einzuschließen, wurden nur die Stoffe C und Si in Betracht gezogen und ein Versuchs-

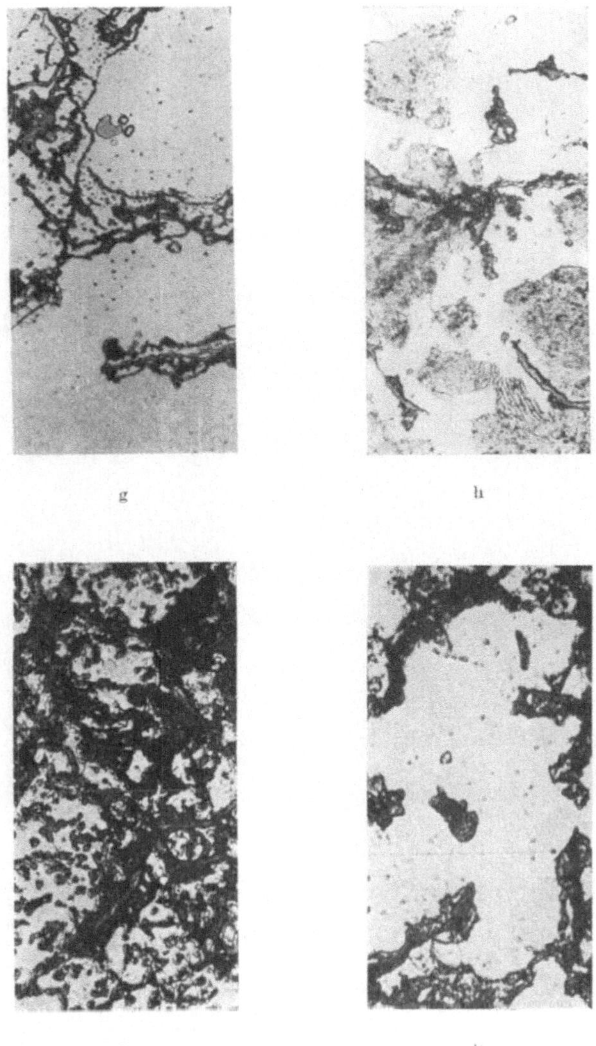

Glühversuch Stab Nr. III_3.
400 ×; d = 6 St. 800°, Mitte 400 ×; e = 6 St. 900°, Rand 400 ×; f = 6 St. 900°, Mitte 400 ×; i = 4 × 4 St. 900°, Rand 400 ×; k = 4 × 4 St. 900°, Mitte 400 ×.

plan dahingehend aufgestellt, daß Gußeisen mit verschiedenen C- und Si-Gehalten einem Glühprozeß bei verschiedenen Temperaturen unterworfen wurde Um die früheren Forschungsergebnisse nachzuprüfen, die den Nickelgehalt in gleichem Sinne werten wie den Si-Gehalt, wurde auch noch bei einigen Stäben Nickel zugesetzt. Die Versuche reichen bis zum Jahre 1924 zurück. Über die Resultate wurde von

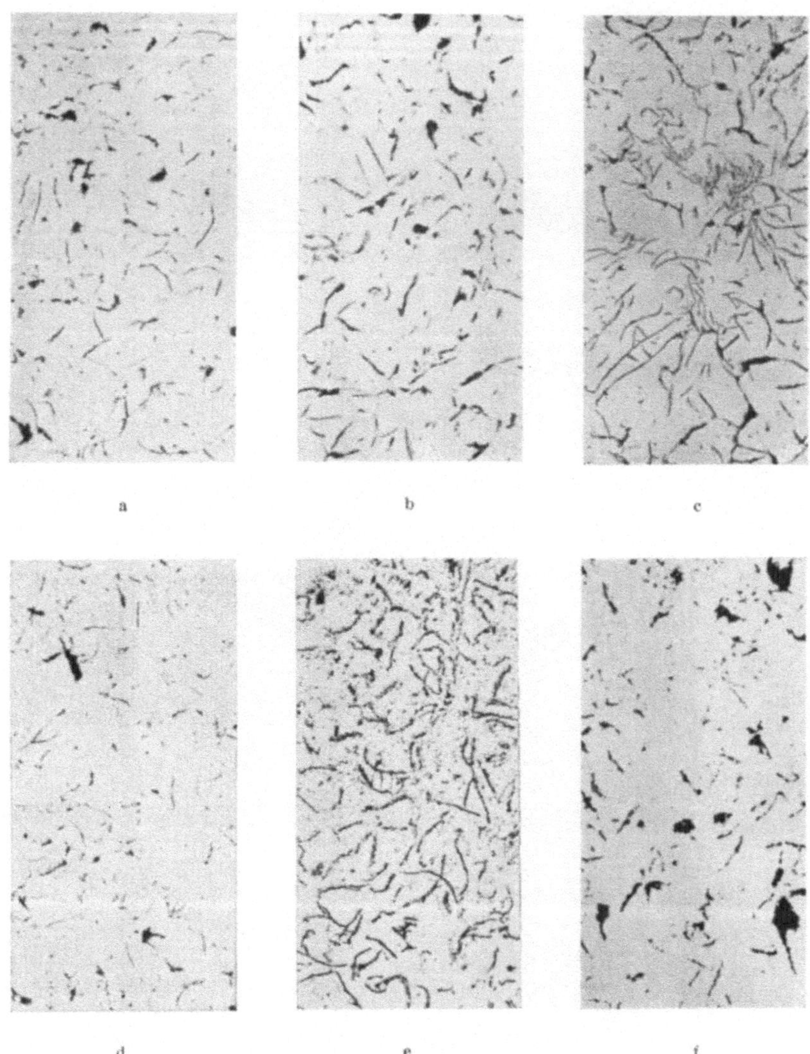

Abb. 75a—f. Glühversuch Stab Nr. III_6.
a = 6 St. 600°, Rand + Mitte 50 ×; b = 6 St. 700°, Rand + Mitte 50 ×; c = 6 St. 1000°, Rand 50 ×; d = 6 St. 1000°, Mitte 50 ×; e = 4 × 4 St. 900°, Rand 50 ×; f = 4 × 4 St. 900°, Mitte 50 ×.

K. Sipp auf der Hauptversammlung des Vereins Deutscher Gießereifachleute in Berlin am 5. Juni 1926 in kurzen Zügen berichtet. Neuerdings wurden Gußstücke in ihrem Verhalten in Heißdampf und auch in Feuerungen, die das Gußeisen bis zum Schmelzpunkt beanspruchen, untersucht, so daß sich die Gesamtstudie auf drei Temperaturstufen ausdehnt:

A. Beanspruchungen durch Heißdampf bei 400 bis 450° während 1000 Stunden.

B. Glühversuche bei 600 bis 1000°.

C. Feuereinwirkungen bis zum Schmelzpunkt[1].

Tabelle 1.

Versuchskörper mit Schichten	Gesamt-C, unbehandelt %	Gesamt-C, behandelt %	Graphit, unbehandelt %	Graphit, behandelt %	Die übrigen Elemente Si %	Mn %	P %	S %
1 I	2,84	2,81	—	2,02	0,83	1,10	0,11	0,070
II	—	2,80	—	2,02	—	—	—	—
III	—	2,84	—	2,01	—	—	—	—
2 I	2,93	2,97	2,14	2,17	1,08	1,16	0,08	0,056
II	—	2,98	—	2,19	—	—	—	—
III	—	2,92	—	2,19	—	—	—	—
3 I	2,68	2,65	1,79	1,84	1,39	1,18	0,09	0,070
II	—	2,67	—	1,82	—	—	—	—
III	—	2,65	—	2,06	—	—	—	—
4 I	3,20	3,10	2,30	2,31	1,59	1,02	0,20	0,064
5 I	3,10	3,09	2,29	2,27	1,90	1,02	0,19	0,066
6 I	3,20	3,14	2,68	2,62	2,30	0,48	0,81	0,082
II	—	3,10	—	2,65	—	—	—	—
III	—	3,12	—	2,58	—	—	—	—
7 I	2,37	2,32	1,49	1,54	2,50	1,18	0,06	0,054
8 I	1,96	1,95	1,20	1,22	2,38	1,10	0,04	0,052
II	—	1,93	—	1,23	—	—	—	—
III	—	1,92	—	1,19	—	—	—	—

Schicht I = erster ½ mm, II = ½ mm tiefer, III = ½ mm tiefer.

A. Heißdampfversuche.

Es wurden acht Gußeisenproben, deren Analysen aus Tab. 1 zu entnehmen sind, dem Versuch unterworfen, deren Gehalte schwankten:

C zwischen 1,96 bis 3,20
Si „ 0,83 „ 2,83
Mn „ 0,48 „ 1,18
P „ 0,04 „ 0,20 (nur der Stab 6 erhebt sich auf 0,81)
S „ 0,052 „ 0,082.

Das Gefüge sämtlicher Proben war grau.

Die größte Verschiedenheit zeigten die Stoffe C und Si, im kleineren Ausmaß Mn, während der P- und der S-Gehalt praktisch als konstant angenommen werden können.

Die Proben wurden als Rundstäbe von etwa 100 mm Länge und 15 mm Durchmesser hergerichtet, an den Köpfen zwecks genauer Messung mit eingestauchten Silberpfropfen versehen und in einer Dampfleitung strömendem Dampf von 400 bis 450° mit täglichen Unterbrechungen von 10 bis 12 Stunden ausgesetzt. Abb. 54 veranschaulicht die Form

[1] C bei vorliegendem Abdruck fortgelassen.

der Probestäbe. Im ganzen wurden die Stäbe während 1000 Stunden der Dampfeinwirkung ausgesetzt.

Für die Längenbestimmung der Stäbe vor und nach dem Glühen diente eine Meßmaschine der Firma Hommel-Werke in Mannheim, die gestattet, tausendstel Millimeter mit Sicherheit abzulesen und zehntausendstel abzuschätzen. Außer der Feststellung der Längenänderung wurden auch metallographische Untersuchungen des Gefüges im unbehandelten und behandelten Zustand vorgenommen. Dagegen wurde von einer Bestimmung der Dickenänderung abgesehen, da dahingehende Versuche keinen brauchbaren Weg zu einer eindeutigen, zuverlässigen Bestimmung erkennen ließen. Infolge Abblätterungen während des Versuchs innerhalb der Rohrleitung führten auch die Gewichtsuntersuchungen zu keinem einwandfreien Ergebnis.

In Abb. 55 sind die Längenänderungen in bezug auf C + Si, in Abb. 56 in bezug auf Si, in Abb. 59 auf C, in Abb. 58 auf S, in Abb. 60 auf Mn und in Abb. 62 auf P gesetzt; in Abb. 55 oben sind die Einzelwerte von C auf Si eingetragen, während Abb. 56 oben die C-Gehalte und die Abb. 58, 59, 60, 62 oben die zugehörigen Si-Werte anzeigen, Abb. 61 stellt einen Versuch dar, das Abhängigkeitsverhältnis der Einflüsse der C- und Si-Gehalte auf die Längenänderung zu konstruieren.

Die Tab. 1 enthält die Analysen der Proben im unbehandelten Zustand und nach erfolgter Wärmebeanspruchung.

Aus Abb. 55 ergibt sich:

Stab 1 mit 0,83% Si und 2,84% C hat den geringsten Wachswert.

Stab 2 mit einem C-Gehalt von 2,94%, etwagleich hoch mit Stab 1, und etwas höherem Si-Gehalt, 1,08%, hat nahezu den doppelten Wachswert. — Auf gleicher Wachshöhe liegt

Stab 8, welcher den abnorm niedrigen C-Gehalt von 1,96% aufweist, dagegen 2,83% Si enthält.

Stab 3 mit 2,65% C und 1,39% Si zeigt trotz des sehr niedrigen C erhebliches Wachsen.

Stab 7 mit noch niedrigerem C (2,37%) und noch höherem Si (2,50%) wächst noch stärker. Ein Vergleich zwischen Stab 8 und Stab 7 läßt erkennen, daß durch Verschiebung in den Werten C und Si um gleiche Beträge der Wachswert von Stab 7 bedeutend nach oben schnellt, woraus zu schließen ist, daß der Einfluß des Si bedeutend größer als der des C ist.

Stab 5 mit 3,10% C und 1,90% Si fällt etwas aus der Regel heraus, wofür eine Erklärung nicht gefunden werden konnte.

Stab 4 mit 3,20% C und 1,59% Si folgt wieder der allgemeinen Regel, der sich auch der

Stab 6 mit 3,20% C und 2,30% Si anschließt.

Abb. 56 entspricht der allgemeinen Feststellung, daß mit steigendem Si der Wachswert zunimmt. Wenn die Stäbe 7 und 8 trotz hohem Si-Gehalt (2,50 und 2,83%) geringeres Wachsen aufweisen, so liegt das an dem in beiden Stäben vorhandenen abnorm tiefen C-Gehalt (2,37 und 1,96 %.).

Während nach Abb. 59 (C-Kurve) noch eine Gesetzmäßigkeit

wenigstens bezüglich der normalen C-Gehalte der Stäbe 1, 2, 4, 5, 6 erkennbar ist, ist das für die Abb. 58 (S-Kurve), Abb. 60 (Mn-Kurve) und Abb. 62 (P-Kurve) nicht mehr der Fall.

Die Gefügebilder (Abb. 63 bis 70) sind dem Versuchsmaterial vor und nach der Behandlung entnommen.

Abb. 63 (Stab 1) mit geringstem Wachswert (mäßiger C- und niedriger Si-Gehalt) läßt keine Gefügeveränderung erkennen. (Abb. 63*b* nicht geätzt, alle anderen Graphitbilder schwach geätzt.)

Abb. 64 (Stab 2) mit fast doppeltem Wachswert (2,93 % C und 1,08 % Si) zeigt am Rand eine Auflockerung des Graphitgefüges und Anfänge von Korrosionen.

Abb. 70 (Stab 8) mit gleich hohem Wachswert wie Stab 2, jedoch sehr niedrigem C (1,96 %) und hohem Si (2,83 %) zeigt im Graphitgefüge ebenfalls eine Auflockerung (s. Bild *c* und *d*), insbesondere am Rand und in den eutektischen Nähten.

Abb. 65 (Stab 3) mit dem nächsthöheren Wachswert zeigt zunehmende Graphitnetzveränderungen und Korrosionen.

Abb. 69 (Stab 7) mit dem doppelten Wachswert von Stab 8 (2,37 % C, 2,50 % Si). Bild *b* ist dem Rand und Bild *c* daran anschließend entnommen. Die am Rand aufgetretene Graphitveränderung ist in Bild *b* deutlich ersichtlich.

Abb 67 (Stab 5). Wie oben bemerkt, fällt dieser Stab etwas aus der Regel, indem sein Wachswert trotz hohem C- und Si-Gehalt nur tief liegt. Die Einwirkung auf das Gefüge ist nur von geringerer Tiefe.

Abb. 66 (Stab 4) mit hohem Wachswert zeigt starke Zerstörung am Rande.

Abb. 68 (Stab 6) mit höchstem Wachswert (3,20 % C, 2,30 % Si) zeigt die tiefstgehende Graphit- und Gefügeveränderung und Korrosion.

Wie die Analysen der Tab. 1 erkennen lassen, hat im Gegensatz zu den Feststellungen von Piwowarsky eine Abnahme des C-Gehaltes in keinem Falle stattgefunden. Wohl aber konnte eine Vergröberung der Graphitadern festgestellt werden. Die Bildung von Temperkohle war nicht nachzuweisen. Die in den Graphitadern bemerkbaren Verästelungen müssen als Oxydationsansätze des Metalls angesprochen werden. Die Feststellung Bardenheuers, daß ein Karbidzerfall im Heißdampf eintreten würde, konnte bei der in Betracht kommenden Versuchsdauer weder analytisch noch metallographisch nachgewiesen werden.

Die Ergebnisse decken sich im allgemeinen mit den Feststellungen von Levi[1] und J. A. Friend[2].

B. Glühversuche.

In ähnlicher Weise wie bei den Gußeisenproben des Heißdampfversuchs wurden auch bei den nachstehenden Versuchsreihen die C- und Si-Gehalte stark verändert, während die übrigen Stoffe nur geringere

[1] A. Levi: Gieß.-Zg. 1925, S. 582.

[2] Thos. E. Hull, J. A. N. Friend, J. H. Brown: Proc. of the Chem. Soc. 1911, 15. Mai, S. 124.

Unterschiede aufweisen. Ergänzend wurde bei einigen Proben noch Nickel zugefügt, um dessen Wirkung im Zusammenhang mit C und Si

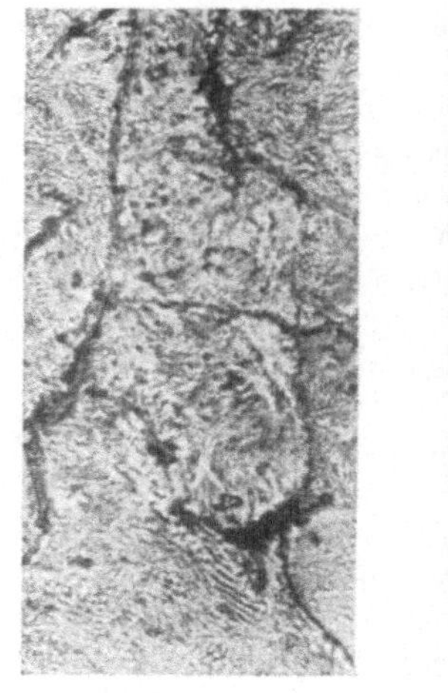

a

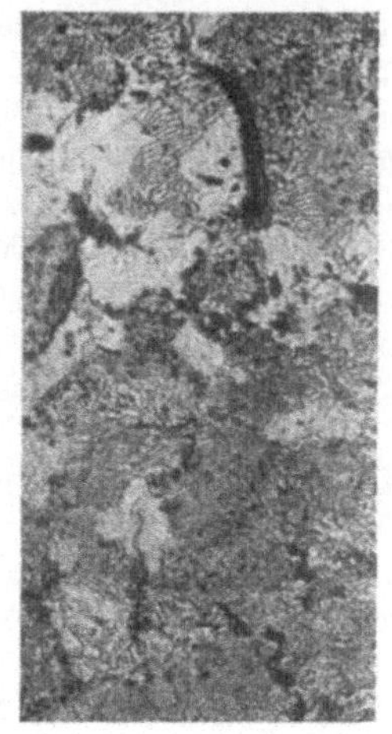

b

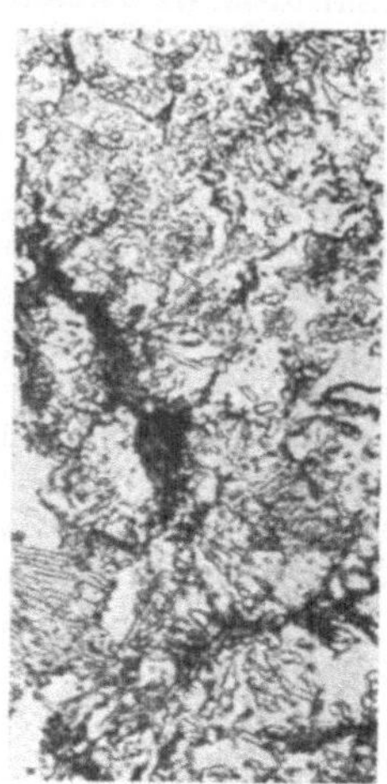

c

Abb. 76 a—c. Glühversuch Stab Nr. III_6.
a = 6 St. 600°, Rand + Mitte 400 ×; b = 6 St. 1000°, Mitte 400 ×; c = 4 × 4 St. 900° Mitte 400 ×.

Tabelle 2. Analytische Ergebnisse der Glühproben.

Kurven Nr.	Analyse						
	C %	Si %	Mn %	P %	S %	C + Si %	Ni %
			Glühversuch I.				
1 ×	3,28	2,79	0,56	1,19	0,084	6,07	—
2 ×	3,53	1,74	0,66	0,50	0,076	5,27	—
3 ×	3,20	1,11	0,79	0,40	0,154	4,31	—
4 ×	3,57	0,44	0,08	Spur	0,014	4,01	—
×	2,93	0,94	1,20	0,23	0,070	3,87	—
	3,12	0,62	0,94	0,22	0,070	3,74	1,0
			Glühversuch II.				
1 ×	3,28	2,79	0,56	1,19	0,084	6,07	—
2 ×	3,53	1,74	0,66	0,50	0,076	5,27	—
3 ×	3,20	1,11	0,79	0,40	0,154	4,31	—
4 ×	3,57	0,44	0,08	Spur	0,014	4,01	—
5 ×	2,93	0,94	1,20	0,23	0,070	3,87	—
6	2,82	0,45	0,87	0,14	0,041	3,27	1,07
7	2,74	0,41	0,71	0,07	0,082	3,15	—
			Glühversuch III.				
1	3,11	1,92	1,05	0,25	0,060	5,03	—
2	3,72	1,30	1,22	0,06	0,036	5,02	—
3	2,67	2,28	0,97	0,23	0,072	4,95	—
4	3,19	1,12	0,83	0,27	0,140	4,31	—
5	3,07	1,08	1,20	0,09	0,070	4,15	0,78
6	2,99	1,09	—	—	0,142	4,08	—
7	3,08	0,58	0,99	0,08	0,056	3,66	1,58

festzustellen. Die Versuchsstäbe waren 100 mm lang und 15 mm dick. Zum Schutze gegen Oxydation wurden bei diesen Proben durch Gewinde befestigte Kappen an den Stabenden aufgesetzt. Diese Maßnahme hat sich gut bewährt; es war keine Veränderung an den Enden festzustellen.

Es wurden drei Versuchsreihen durchgeführt, davon die erste mit sechs Proben, die in ihrem

	Kohlenstoffgehalt	zwischen	2,93	und	3,53%
im	Siliziumgehalt	,,	0,44	,,	2,79%
,,	Mangangehalt	,,	0,08	,,	1,20%
,,	Phosphorgehalt	,,	0,03	,,	1,15%
,,	Schwefelgehalt	,,	0,014	,,	0,154%

schwankten. Die Glühung, die bei den Temperaturen 600, 700, 800, 900 und 1000° auf je sechs Stunden und daran anschließend 4 × 4 Stunden bei 900° durchgeführt worden ist, wurde bei den Reihen I und II in einem Heräus-Ofen unter freiem Luftzutritt vorgenommen.

Zum Glühversuch Reihe III wurde das gleiche Gußeisen wie bei den fünf ersten Stäben der Reihe I verwendet, dazu kamen noch die Stäbe 6 und 7, die noch niedriger im C- und Si-Gehalt standen, während Stab 6 noch 1,07% Nickel enthielt.

Zum Glühversuch Reihe III wurden durchweg neue Proben eingesetzt, die

im	Kohlenstoffgehalt	von	2,67	bis	3,72 %
,,	Siliziumgehalt	,,	0,58	,,	2,28 %
,,	Mangangehalt	,,	0,83	,,	1,22 %
,,	Phosphorgehalt	,,	0,06	,,	0,27 %
,,	Schwefelgehalt	,,	0,036	,,	0,142%

schwankten. Stäbe 5 und 7 hatten außerdem noch einen Nickelzusatz. Der Tab. 2 sind alle Analysen zu entnehmen. Das Gefüge sämtlicher Proben war grau.

Die Glühprobe Reihe III wurde in einem gasgeheizten Muffelofen, und sämtliche Messungen, wie auch bei dem Heißdampfversuch, auf einer Meßmaschine vorgenommen. Die Messung mußte sich, da das Glühen starke Verzunderung brachte, auf Längenänderung beschränken.

Abb. 72 läßt das Wachsen sämtlicher Versuchsreihen erkennen. Man ersieht daraus, daß das Wachsen der Stäbe dem Si folgt; ebenso herrscht auch Gesetzmäßigkeit, wenn man die Summe von C und Si zugrunde legt. Von einer Tieflegung des C-Gehaltes auf 2% und darunter wurde bei diesen Versuchen abgesehen. Die Kurven lassen erkennen, daß bei hoch C- und Si-haltigem Material das Wachstum bei dieser Wärmebeanspruchung außerordentlich hoch ist (s. Abb. 72, Versuchsreihe I, wo der Wachswert von Stab 1 auf über 9% gestiegen ist). Der niedrigste Wachswert der Versuchsreihe I wurde mit Stab 6 erreicht, der 3,12% C und 0,62% Si aufweist, wobei aber 1% Nickel zugefügt war. Als nächster Stab folgt Nr. 5, der erst bei 900° Stab 4 überschneidet. Stab 4 hat zwischen den Temperaturpunkten 700 und 900° eine höhere Lage als Stab 5, bleibt dann aber bei 1000° niedriger in seinem Wachswert. Dieser Stab hat den höchsten C-Gehalt, aber den niedrigsten Si-Gehalt, wobei Mn 0,08% betrug. Ebenso liegt bei diesem Stab neben dem Mn-Gehalt der Phosphor sehr tief. Gemäß Summe C + Si muß der Stab in seinem Wachswert über Stab 5 liegen, dagegen müßten die niedrigen Mn- und P-Gehalte erhöhtes Wachsen bringen. In Wirklichkeit folgt der Stab der Summe C + Si und läßt die wachstumerhöhende Wirkung des fehlenden Mn und P nicht erkennen. Alsdann folgt Stab 3 mit höherem Si-Gehalt und mäßigem C-Gehalt, Stab 2 mit hohem C- und ebenfalls höherem Si-Gehalt und endlich der Stab 1 mit mäßigem C- und hohem Si-Gehalt.

Ähnliches ist beim Kurvenbild der Reihe II festzustellen. Auch hier folgen die Wachswerte sowohl der Si-Kurve als auch der Summe C + Si, und weiter ist zu ersehen, daß der Ni-Gehalt von 1,07% bei Stab 6 bei niedrigem Si-Gehalt keine wesentliche zusätzliche Beeinflussung im Wachsen gegenüber dem nächsten Stab mit ebenfalls niedrigem Si-Gehalt bringt. Zwischen den Stäben 1 und 2 beider Reihen I und II ist ein beträchtlicher Unterschied im Phosphor vorhanden. Stab 1 hat 1,15% und Stab 2 = 0,50% P. Es müßte sich demgemäß eine Wirkung im Wachswert zeigen, was die Ergebnisse jedoch nicht erweisen.

Versuchsreihe III läßt erkennen, daß die Wachswerte näher beieinander liegen, was als Einfluß des Glühvorganges im gasgeheizten Ofen angesprochen werden könnte. Eine Ausnahmestellung nehmen die Stäbe mit der Zusatzbezeichnung 2 *S* und 3 *R* mit C + Si = 4,95% bzw. 5,02% ein. Sie unterscheiden sich jedoch im Si- und C-Verhältnis sehr stark. Beide Stäbe liegen verhältnismäßig hoch in ihrem Wachswert. Sie folgen damit ziemlich der Summenkurve, aber nicht den Werten der Einzelkomponenten. Dies wird besonders durch die Abb. 71 veranschaulicht, die sämtliche Werte der drei Versuchsreihen nebeneinander enthält, einmal in ihrer Beziehung: bleibende Ausdehnung zum Si-Gehalt, zum anderen: bleibende Ausdehnung zum C-Gehalt und endlich in der Beziehung: bleibende Ausdehnung zur Summe C + Si. Die Wachswerte der ersten (Si) Kurve folgen mit Ausnahme der Stäbe II 2, III 1, II 1 und III 3 dem Si-Gehalt. Stab *R* mit dem hohen Si-Gehalt (2,28%) und einem erniedrigten C-Gehalt (2,67%) steht gleich dem Stab II 1 mit 2,79% Si und 3,28% C. Beide Stäbe zeigen damit eine starke Unregelmäßigkeit, worauf später noch zurückgekommen wird. Das gleiche ist der Fall mit Stab III 1. Stab III 2 mit mäßigem Si- und hohem C-Gehalt folgt wieder besser der Kurve. Die Stäbe mit Nickelgehalt lassen durchweg keine nennenswerte Einwirkung des Ni auf das Wachsen erkennen, was der allgemeinen Auffassung der fördernden Einwirkung des Nickels auf das Wachsen entgegensteht.

Die mittlere Kurve der Abb. 71, die in Beziehung zum C-Gehalt entwickelt ist, läßt keinerlei Gesetzmäßigkeit erkennen. Besonders ist noch auf die Einordnung der Stäbe *R* und *S* hinzuweisen. Dem *C*-Gehalt nach steht der *R*-Stab an letzter Stelle, hat aber gleichen Wachswert wie der *S*-Stab mit um 1% höherem C-Gehalt. Diese Tatsache steht also mit der durch die Heißdampfversuche erwiesenen Feststellung, daß der Si-Gehalt die überragende Rolle beim Wachsen spielt, in Übereinstimmung.

Bei der dritten (C + S) Kurve, bleibende Ausdehnung zur Summe von C + Si, läßt sich wieder eine bessere Gesetzmäßigkeit feststellen. In dieser Kurve stehen die Stäbe *R* und *S* nebeneinander, womit veranschaulicht wird, daß sehr niedriger C-Gehalt und hoher Si-Gehalt denselben Wachswert hervorbringen wie mäßiger Si- und normaler C-Gehalt. Für die beim Stab III 1 hervortretende Unstimmigkeit in der Kurve ist keine Erklärung gefunden worden.

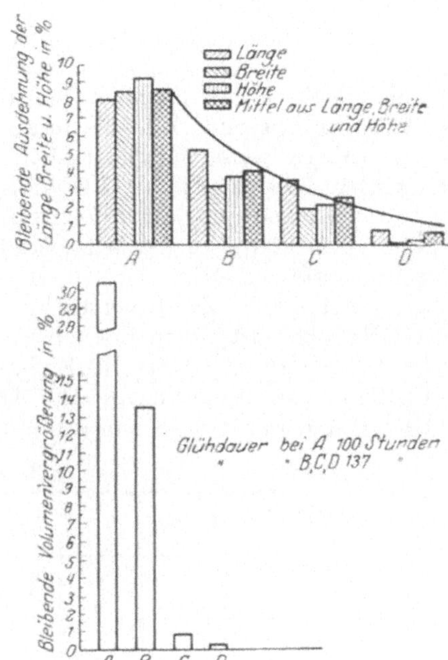

Abb. 77. Glühversuche an Härtekasten.

Die Gefügeuntersuchung erstreckte sich auf alle Stäbe, doch soll nur das Gefüge der beiden Stäbe III 6 mit niedrigem Si-Gehalt bei mäßigem C-Gehalt und III 3 mit hohem Si-Gehalt bei niedrigem C veranschaulicht werden, da sich die Gefügeänderungen der übrigen Stäbe ähnlich verhielten. Stab III 3 ist in Abb. 73*a*—*e* in seinen verschiedenen Wärmestufen dargestellt.

Abb. 73*a*—*e* (Stab III 3)

a bei 600° zeigt noch am Rand und in der Mitte Übereinstimmung ohne sichtbare Veränderungen gegenüber dem Ursprungszustand.

b bei 700°. Der Rand ist schon vergröbert, während *c* (Mitte) kürzere, aber dickere Graphitform aufweist.

d stellt das Gefüge nach 1000° Erhitzung in der Mitte dar; es läßt sich eine ziemliche Vergröberung erkennen.

e ist in der letzten Stufe 4 × 4 Stunden bei 900° am Rand entnommen und zeigt noch stärkeren Graphit.

Abb. 74*a*—*k* (Stab III 3) in 400facher Vergrößerung, geätzt.

a ist Ausgangsmaterial,

b bei 600°. Rand und Mitte. Es ist eine Auflockerung erkennbar.

c bei 800°. Am Rand tritt Ferrit auf, der sich beim nächsten Bild

d bis zur Mitte in einzelnen Kristallkörnern verfolgen läßt.

e bei 900°. Der Rand läßt eine Verstärkung des Ferrits und starke Korrosionsbildungen erkennen.

f Mitte ist noch frei von Korrosionen.

g bei 1000°. Am Rand ist der Ferrit noch grobflächiger geworden, und es tritt eine Graphitumsetzung durch Oxydation zutage.

h bei 1000°. Die Mitte ist noch wesentlich weniger berührt von diesen Vorgängen. Es ist noch Perlit neben Ferrit vorhanden.

i nach 4 × 4 Stunden bei 900°. Am Rand stark oxydiert. Das Ferritgefüge ist in der Zerstörung begriffen.

k nach 4 × 4 Stunden bei 900 °. In der Mitte ist noch grobflächiger Ferrit vorhanden bei starker Veränderung des Graphits.

Abb. 75 *a*—*f* (Stab III 6).

a gibt zwischen Rand und Mitte noch übereinstimmendes Gefüge wieder.

b noch Übereinstimmung zwischen Rand und Mitte.

c bei 1000 °. Am Rand stärkeres Netzwerk des Graphits.

d Mitte noch wenig verändertes Graphitnetz.

e nach 4 × 4 Stunden bei 900 °. Am Rand Verlängerung der Graphitadern und Auflockerung.

f Mitte, wenig Graphit, aber in stärkerer Konzentration.

Abb. 76 *a*—*c* (Stab III 6) in 400facher Vergrößerung, geätzt.

a in Rand und Mitte noch unverändert gegen den Urzustand.

b bei 1000 °. In der Mitte sind in dem Perlitgefüge Einlagerungen vom Ferrit.

c bei 900 °. Zeigt verstärkte Graphitbildung gegenüber Bild *b*.

Die nachstehenden Betriebsversuche an Härtekasten bilden eine Ergänzung zu Abschnitt B. Es handelt sich um Härtekasten mittlerer Größe in vier Legierungen. Die Analyse in C und Si sowie die Summe beider sind der Tab. 3 zu entnehmen.

Tabelle 3.

Bezeichnung	C %	Si %	= C + Si %
A	3,29	2,38	5,67
B	3,43	1,48	4,91
C	3,31	1,26	4,57
D	3,26	1,19	4,45

Während bei den Kasten *A* die Glühdauer rund 100 Stunden betrug, wurde sie bei den übrigen Kasten *B*, *C* und *D* auf 137 Stunden ausgedehnt. Abb. 77 läßt das Wachsen der Kasten in Länge, Breite und Höhe erkennen. Daneben sind in Schwarz die Durchschnittswerte gesetzt. Die eingezeichnete Kurve schmiegt sich dem Si und auch der Summe C + Si an und steht somit in Übereinstimmung mit den Feststellungen der Versuchsabschnitte A und B. Die Zerstörung ist in der bekannten Weise erfolgt, daß sich bei jeder Glühperiode eine Zunderschicht bildete, die nach dem Erkalten abblätterte.

Zusammenfassung und Schlußfolgerungen aus den Versuchsabschnitten A und B.

Es ist festgestellt, daß bei der Beanspruchung des Gußeisens im Heißdampf von 450 ° und bei Glühtemperaturen bis 1000 ° Si den größeren und C einen geringeren Einfluß auf das Wachstum ausüben. Es entsteht nun die Frage, welche Möglichkeiten bestehen, um in der Praxis den einen oder den anderen oder beide Stoffe auf ein solches Maß einzustellen, daß die größtmögliche Gefügebeständigkeit erzielt wird. Den Kohlenstoff bis 2% und darunter wie bei Stab 8 zu erniedrigen, darf bei dem heutigen Stand der Gießereitechnik als nicht gangbar bezeichnet werden. Anders verhält es sich mit dem Si. Es ist heute durchaus möglich, bei mäßigem C-Gehalt den Si-Gehalt unter 1% zu senken und dadurch ein Gußeisen zu erhalten, das größte Unempfindlichkeit gegen Wachsen zeigt und ohne Schwierigkeit aus dem Kupolofen oder anderen Ofenarten erschmolzen werden kann.

Die Dichte von Grauguß und Lanz-Perlitguß, gemessen mit der Farbstoffdruckprüfung[1].

Von Dr. Franz Roll, Mannheim.

Hat ein Guß undichtes, von Hohlräumen durchsetztes Gefüge, so nennt man ihn porös. Die Porosität liegt auf einer Linie mit der Erscheinung der Lunker. Beide haben eine Ursache: die beim Übergang von dem flüssigen in den festen Zustand entstehende diskontinuierliche Abnahme des Volumens. Diese kann sich bei großen Querschnitten im Gußstück in einem Lunker zeigen oder sich in einer Unzahl feiner, die Kristalliten durchsetzende Hohlkanäle auflösen. Die Summe dieser sehr feinen Kanäle entspricht ungefähr dem Hohlraum, der durch einen Lunker entstanden ist. K. Sipp hat in seinen Arbeiten auf diese Gleichheit der Metallhohlräume hingewiesen.

Es war mir besonders bei der Biegeprobe aufgefallen, daß gewisse Stäbe starke Streuwerte ergaben, und ich versuchte für diese eine Erklärung zu geben. In diesem Sinne hatte ich mein Augenmerk auf die Porosität des Graugusses gelenkt; unabhängig von G. Tammann und H. Bredemaier hatte ich 1924 ein Verfahren entwickelt, das im gleichen Sinne verläuft wie das von Tammann[1] angegebene.

Da mir die Porositätsbestimmung besonders wichtig erschien, habe ich Grauguß von verschiedener Festigkeit und hochwertiges Gußeisen (Lanz-Perliteisen) untersucht.

Vorerst soll die nötige Apparatur und ihre Handhabung beschrieben werden. Die Abb. 78 zeigt einen Stahlzylinder mit dazugehörigem tadellos eingeschliffenem Kolben, dessen gute Führung durch die Höhe der Zylinderwandung gewährleistet wird, so daß ein Ausbiegen nach der Seite bei hohen Drücken nicht möglich ist. Am Kolben war zwecks guter Dichtung eine Ledermanschette, so wie sie das Bild zeigt, angebracht; sie hat im allgemeinen gute Dichtung ergeben. In den Zylinder wurden 60 ccm Farblösung und die zu untersuchenden Schliffe gebracht. Als Farbstoff wurde Methylenblau, Fuchsin und Eosin, ausnahmsweise Kristallviolett, verwendet. Fuchsin und Eosin haben sich am besten bewährt; beim Methylenblau dagegen waren Umsetzungen mit dem Schwefel im Eisen zu befürchten. Es wurde je nach Zweck und Material eine Lösung von Verbindungen = n/100 bis n/500 verwendet.

[1] Erschienen in Gieß.-Zg. 1927, S. 576.

[2] G. Tammann und H. Bredemaier: Z. anorg. Chem. Bd. 142, S. 54/60. 1925.

Zur Vorprüfung dienten 40 mm lange Zylinder von 30 mm Durchmesser, welche aus Probestäben stammten. Die Gußhaut wurde an den Stücken entfernt. Es ist auch hier das Verdienst von G. Tammann, die Feststellung gemacht zu haben, daß durch die Bearbeitung die Poren im Material nicht geschlossen werden und daß bei den in Frage kommenden Drücken die Gase, welche in den Hohlräumen sitzen, mit dem Wasser in Lösung gehen. Die Drücke wurden je nach dem Material in den Grenzen von 200 at bis 2000 at variiert. Für sehr undichten Guß genügten schon Drücke von 200 bis 800 at, die während einer Zeitdauer von einer halben Stunde auf den Farbstoff ausgeübt wurden.

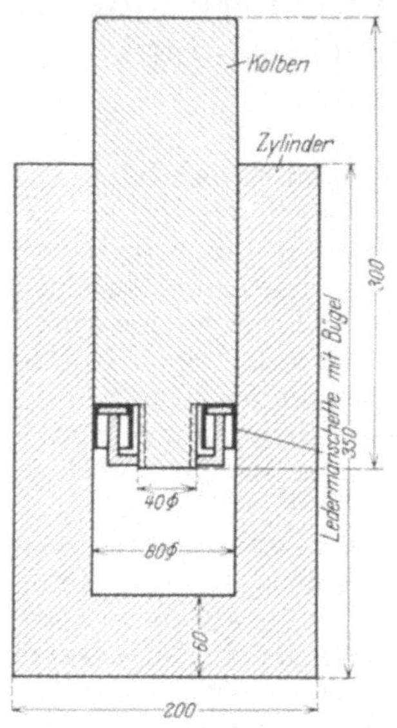

Abb. 78. Apparat zur Farbstoffdruck-Prüfung.

Die Druckprüfung gestaltete sich wie folgt: Die Gußproben wurden, von Fett säuberlich befreit, in den Zylinder gebracht. Nun wurde so viel Normalfarbstofflösung zugegeben, daß die Versuchsstücke mindestens noch zu ⅔ mit Farblösung bedeckt waren. Nachdem der Kolben eingesetzt war und die Luft durch eine Druckschraube Auslaß gefunden hatte, wurde der Zylinder dem Druck einer hydraulischen Presse unterworfen. Zeit und Höhe der Pressung richteten sich nach der Materialdichte. Nach ca. 10 bis 30 Minuten wurden die Stücke herausgenommen und sorgfältig mit Wasser und Watte gewaschen. Zum Vergleich wurden nur Proben verwendet, für die gleiche Verhältnisse von Druck und Zeit bestanden. Die getrockneten Versuchsstücke wurden auf der Drehbank abgedreht. Die Späne, welche sorgfältig gesammelt (Becherglas) wurden, sind am besten zu gebrauchen, wenn sie sehr dünn sind, noch besser, wenn sie Pulverform besitzen. Die Drehspäne der verschiedenen Schichten (1, 2, 3 mm usw. Abdrehung) wurden für sich gesammelt. Es versteht sich, daß beim Abdrehen weder Seifenlösung noch Öl zur Verwendung gelangen darf. Nach Auswägung der Späne wurden sie in ein Kolorimeter gebracht und mit Hilfe einer Vergleichslösung auf Farbtiefe abgeglichen. Die Verhältniszahlen zwischen Vergleichlösung und untersuchter Probe lassen einen Schluß auf die Größe des Porenvolumens zu. Für Gußeisen ergaben sich auf diese Weise interessante Rückschlüsse auf die Beziehung zwischen Festigkeit, Dichte, Härte usw., die gelegentlich eine Veröffentlichung erfahren sollen.

Da bekanntlich auch im Graphitskelett ein gewisser Zusammenhang besteht, so ist es wahrscheinlich, daß auch die Graphitadern der Flüssigkeit unter den angegebenen Drücken bis zu einem gewissen Maße Eintritt in das innere Metallgefüge verschaffen und so auch Hohlräume erschließen, welche nicht unmittelbar mit der Oberfläche im Zusammenhang stehen. Die Frage der Hohlräume ist besonders für die Gußeisenveredelung von allergrößter Bedeutung. Sie ist für die bei den heutigen Bestrebungen der Technik so wichtige Dichte des Materials allein maßgebend. Daß enge Zusammenhänge zwischen Graphitadern, Kristallitenhohlräumen und der Ausbildung des Grundgefüges usw. bestehen, zeigt auch die Tatsache, daß Gußzylinder, die mit komprimierten Gasen gefüllt sind, selbst dann, wenn Diffusionsströme ausgeschlossen sind, langsam an Innendruck verlieren. Auch die Verhältnisse

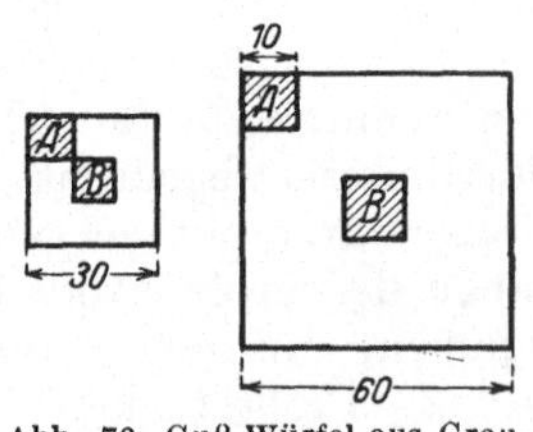

Abb. 79. Guß-Würfel aus Grau- und Lanz-Perlit-Guß.

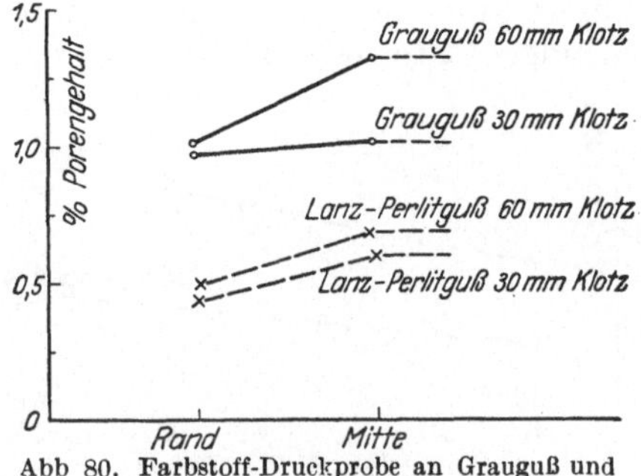

Abb 80. Farbstoff-Druckprobe an Grauguß und Lanz-Perlit-Guß.

beim Evakuieren von Gießereieisen weisen darauf hin, daß solche Zusammenhänge bestehen.

Im folgenden sind die Resultate wiedergegeben, die sich mit der vorgenannten Farbstoffdruckprüfung erzielen lassen.

1. aus 30- und 60-mm-Klötzen von Grauguß bzw. Lanz-Perlitguß der in Tab. 1 angegebenen Analyse wurden Würfel herausgeschnitten, wie sie in Abb. 79 mit *A* und *B* bezeichnet sind. Würfel *A* von 10 mm Kantenlänge ist aus dem Randgefüge, Würfel *B* von gleicher Länge aus der Mitte des Würfels geschnitten. Die Würfel wurden nochmals gevierteilt und einzeln der Prüfung unterworfen. Die Resultate, d. h. die Vergleichszahlen des Porengehaltes, sind für den einzelnen Würfel als Mittelwert der vier Unterteile aus Tab. 2 ersichtlich. Aus diesen Zahlen ist zu entnehmen, daß beim 30-mm-Block und noch viel mehr beim 60-mm-Block die Unterschiede in der Porengröße zwischen Grauguß und Perlitguß erheblich sind, was auf die geringe Lunkerneigung des hochwertigen Gußmaterials zurückzuführen ist. In der graphischen Aufzeichnung Abb. 81 sind diese Zahlen übersichtlicher geordnet.

Tabelle 1. Zusammensetzung der Gußklötze.

	C	Si	Mn	P	S
G 85	3,38	1,75	0,38	0,39	0,06
P 85	3,28	1,35	0,70	0,45	0,08

Tabelle 2.

	30-mm-Klotz		60-mm-Klotz	
	Würfel *A*	Würfel *B*	Würfel *A*	Würfel *B*
G 85	0,92	1,02	0,98	1,32
P 85	0,41	0,61	0,50	0,65

Die Zahlen sind gemessen in % Porengehalt.

Tabelle 3.

	C	Si	Mn	P	S
G 18	3,30	1,65	0,85	0,40	0,08
P 18	3,21	1,15	0,87	0,36	0,06

II. Die Überlegenheit des hochwertigen Gusses zeigt sich auch bei Anwendung des Verfahrens auf die Streuwerte der Biegeprobestäbe. Tab. 3 gibt die chemischen Analysen von Material, das zu eingehender Untersuchung gedient hat, Abb. 81 die Aufzeichnung der Porengehalte. Aus den Biegeprobestäben wurden Stücke von 20 mm Stärke ausgeschnitten und auf 30 mm Durchmesser abgedreht. Die Stücke waren aus der ganzen Länge des Probestabes entnommen. Im ganzen waren es 12 Probestücke. Die Farbstoffdruckprüfung ergab mehr oder minder große Unterschiede im Porengehalt zwischen Fuß und Kopf. Beim Grauguß sind jedoch die Unterschiede viel größer als bei dem Lanz-Perlitguß, woraus sich auch der immer sehr große Unterschied der Güte beider Gußeisensorten mit dartun läßt. Fußstück bzw. Kopfstück der Probestäbe (gestrichelte Linie) sind nicht ganz sicher festgelegt. Daß die Linie der Farbstoffprobe gegen den Kopf hin aufsteigt, ist zum Teil mitbegründet durch den ferrostatischen Druck der Eisensäule.

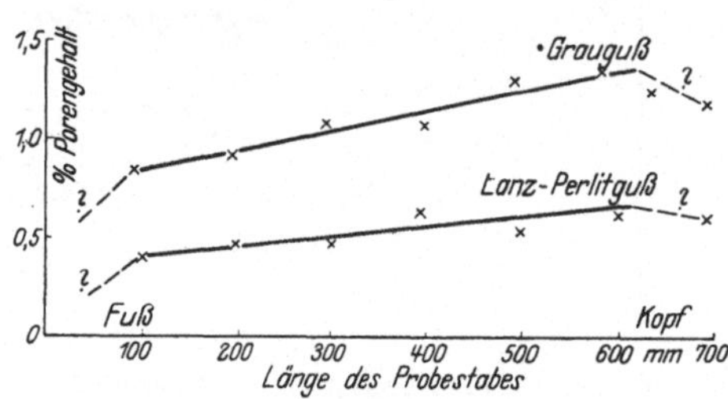

Abb. 81. Porengehalt von Grau-und Lanz-Perlit-Guß längs eines Stabes.

Die Prüfung der Farbstoffdruckprobe gestattet also beim Guß, den Porengehalt zu bestimmen und weist eine bedeutende Überlegenheit des Perlitgusses gegenüber dem gewöhnlichen Grauguß nach.

Die elektrische Leitfähigkeit von Grauguß[1].

Von Bergrat Hans Pinsl in Amberg.

Das Schrifttum über die magnetischen, besonders aber über die elektrischen Eigenschaften des Gußeisens ist, wie aus einem Referat von Piwowarsky[2] zu entnehmen ist, spärlich. Im allgemeinen hat, wie der genannte Forscher angibt, Gußeisen einen sehr hohen spezifischen Widerstand, d. h. eine geringe Leitfähigkeit, und eignet sich hierdurch vorzüglich für Widerstandskörper, welche hohe Stromstärken aufzunehmen haben. Es gibt aber auch Fälle, wo von diesem Werkstoff das Gegenteil, nämlich eine möglichst gute Leitfähigkeit, verlangt wird. Beispielsweise wurden lange Zeit die schweren eisernen Bodenplatten (bis zu 5 t Gewicht) für die Schmelzkessel bei der Aluminium-

[1] Auszug aus einer demnächst in Gieß.-Zg. erscheinenden Arbeit.
[2] Stahleisen 1926, S. 112.

herstellung aus Grauguß gegossen, wobei bei der Bestellung ein möglichst geringer spezifischer Widerstand verlangt und die Einhaltung einer bestimmten Höchstgrenze vorgeschrieben wurde. Die Messungen hatten an aus Normalbiegestäben (650 mm lang, 30 mm Durchmesser) herausgearbeiteten Probekörpern zu erfolgen, und der spezifische Widerstand sollte 55 Mikroohm je Kubikzentimeter nicht überschreiten; der Guß mußte außerdem gut bearbeitbar sein. Zur Zeit werden derartige Platten meist aus Stahlguß hergestellt. Anläßlich der Lieferung solcher Graugußplatten wurden im Laboratorium der Luitpoldhütte eingehendere Untersuchungen über die elektrische Leitfähigkeit von Grauguß vorgenommen. Als Endergebnis der umfangreichen Untersuchungen ergab sich folgende

Zusammenfassung.

1. Von den Begleitelementen des Graugusses üben Silizium und Graphit den ausschlaggebenden Einfluß auf die elektrische Leitfähigkeit aus. Man kann je Prozent Silizium eine Widerstandssteigerung von 12 bis 14 Mikroohm je Kubikzentimeter annehmen, während beim Graphit je nach dessen Ausbildung stärkere Schwankungen, etwa 10 bis 20 Mikroohm je Prozent, auftreten.

2. Mit zunehmender Graphit- und Kornverfeinerung sinkt bei sonst gleicher chemischer Analyse der Widerstand und erreicht anscheinend bei feineutektischer Ausbildung des Graphits und zementitfreier Grundmasse das Minimum, bei möglichst vollständiger Abscheidung der Kohle als grobblättriger Graphit das Maximum für die betreffende Zusammensetzung.

3. Der gebundene Kohlenstoff wirkt um so mehr im Sinne einer Widerstandssteigerung, je mehr sich der Perlit der sorbitischen Ausbildung nähert; freier Zementit oder Ledeburit erniedrigt ebenfalls die Leitfähigkeit, aber um verhältnismäßig geringe Beträge.

4. Der Phosphor erhöht den Widerstand des Graugusses nicht in dem gleichen Maße wie im Stahl, weil er nicht als Mischkristall, sondern als Steadit auftritt und außerdem bei höheren Gehalten eine für die Leitfähigkeit günstige Anordnung des Graphits zur Folge hat.

5. Ein erkennbarer direkter Einfluß des Mangans und Schwefels in den Gehaltsgrenzen, wie diese Elemente im Grauguß vorhanden sind, ließ sich nicht feststellen; eine indirekte ist mit Rücksicht auf die gebundene Kohle anzunehmen.

6. Beim Ausglühen von Grauguß erniedrigt sich in allen Fällen, in denen die gebundene Kohle ganz oder teilweise zu Ferrit und Temperkohle abgebaut wird, der elektrische Widerstand, am stärksten da, wo sie vorher in sorbitischer Ausbildung vorhanden war.

Zur Dauerschlagprüfung[1].

Von Reichsbahnrat Dr.-Ing. R. Kühnel.

Bei den Bauerschen Versuchen mit Perlitgußeisen[2] fällt auf, wie stark hier gerade die Dauerschlagprobe eine Überlegenheit des Perlitgusses erweist. Hiernach müßte die Zähigkeit des hochwertigen Gußeisens, die durch die Dauerschlagprüfung festgestellt wird, sehr viel stärker zunehmen mit der Steigerung der Wertigkeit des Gußeisens als die übrigen Eigenschaften: Zugfestigkeit, Biegefestigkeit und Härte. Anderseits ist bekannt, daß die Dauerschlagprüfung auch bei Stahl stark streuende Ergebnisse liefert. Da bei den Versuchen von Bauer nur eine verhältnismäßig niedrige Schlagzahl vorlag, so war die Möglichkeit gegeben, daß es sich hier um Zufallergebnisse handelte. Es erschien daher angemessen, die Schlagzahl zu erhöhen. Das Fallgewicht wurde zu diesem Zwecke wesentlich leichter gemacht, und zwar bis auf 2,63 kg[3], die Fallhöhe von 3 cm auf 1 cm herabgesetzt.

Das Versuchsstück war eine gewöhnliche Platte in den Abmessungen 35 : 22 : 3 cm. Der Kerb der Dauerschlagprobe hatte ebenso wie die Zugfestigkeitsprobe einen Durchmesser von 13 mm. Man nahm also mehr als die Hälfte der Wandstärke des Gußstückes herunter und prüfte nur das Innere. Dies ist zu berücksichtigen bei Bewertung der Ergebnisse. Es läßt sich annehmen, daß bei dünnwandigerem Guß, wie er in der Mehrzahl in der Praxis wohl vorkommt, noch günstigere Ergebnisse erreicht werden könnten. Alle hochwertigen Gußeisenplatten wurden in der Versuchsanstalt des Eisenbahn-Zentralamts zerlegt und die Proben hier hergestellt und geprüft. Bei nicht hochwertigen Gußeisensorten lieferten die Werke teilweise die bearbeiteten Proben an.

Ergebnis der Prüfung:

Güteklasse	Zugfestigkeit σ_B kg/mm²	Dauerschlag[4] n_E	Verhältnis $\sigma_B : n_E$	Bemerkungen
Unter Ge 14	10	500	50	—
	12	1 200	100	Mittelwerte von 2 Platten
Ge 14	16	3 000	200	Mittelwerte von 2 Platten
Hochwertiger Guß	23	12 000	500	Sehr gleichmäßig
	29	16 000	500	
	27	27 000	1000	Schwankungen bis zu 50%
	29	29 000	1000	

Somit ist erwiesen, daß die Untersuchungen Bauers keine Zufallsergebnisse hatten und daß die Dauerschlagprüfung besonders gut geeignet ist, die Steigerung der Zähigkeit hochwertiger Gußeisensorten darzustellen.

---

[1] Auszug aus: „Untersuchungen an hochwertigem Guß". Gießen 1925, S. 857.

[2] S. 5ff. [3] Bei Bauer 3,1 kg.

[4] Mittelwerte aus 8 Proben von derselben Platte.

Anhang.

Merkblätter der Studiengesellschaft zur Veredelung von Gußeisen m. b. H.

Merkblatt 1.

(April 1927.)

(Prüfung von Gußeisen.)

Als normal werden nachstehende mechanische Prüfverfahren angesehen. Bei Angaben über vorgenommene Prüfungen wird eines dieser Verfahren vorausgesetzt, wenn nicht durch besondere Bemerkung auf Abweichungen aufmerksam gemacht wird.

1. Zugprobe. Probestab: 210 mm lang: 20 mm Durchmesser in der Eindrehung, womöglich am Gußstück angegossen oder ihm entnommen. Es ist ein Zylinder von 28 bis 30 mm Durchmesser zu gießen; mittlerer Teil nach Vorschrift der Zeichnung, Enden je nach Einspannung zu bearbeiten.

2. Dauerschlagprobe. Bärgewicht 3,18 kg bei 30 mm Fallhöhe, nach jedem Schlag um 180° zu drehen.

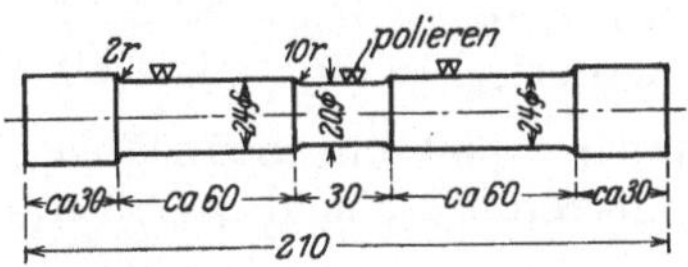

Ergebnis: σ_B in kg/mm²

Probestab: Stützweite 100 mm; Stablänge richtet sich nach der Prüfmaschine, ebenso die Vorkehrung, zur Mitnahme (Loch, Schlitz usw.) und gegen Längsverschiebung (Eindrehung usw.). Die darauf bezüglichen Teile der Zeichnungen und die eingeklammerten Maße sind nur als Beispiel zu betrachten, dagegen die nicht eingeklammerten Maße genau einzuhalten.

a) Kerbstab: Eindrehung auf 13 mm Ø
1:2,5

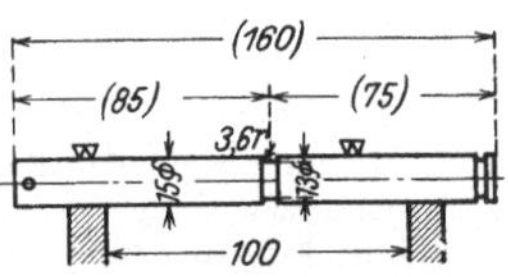

Aufschlagstelle polieren!
Für die Eindrehung wird zweckmäßig ein Stahl von 7,6 mm Dicke mit Halbkreis benützt.
Ergebnis: n_E Schläge bis zum Bruch.

b) Ungekerbter Stab: 15 mm Ø
1:2,5

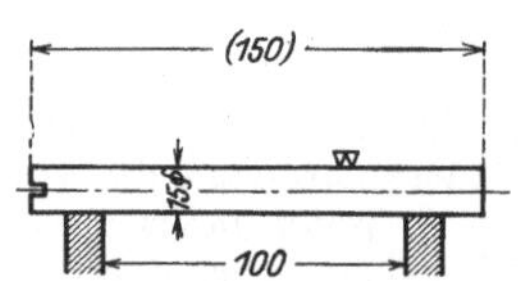

Aufschlagstelle polieren!
Ergebnis: n Schläge bis zum Bruch.

3. Brinellprobe. Stahlkugel 10 mm Durchmesser; 3000 kg, durch 30 Sekunden wirkend.

Ergebnis in H_n (nach DIN 1605).

4. Scherprobe. (**Stanzversuch**) nach Sipp-Rudeloff (Gieß. 1926, Heft 33 u. 34).

Probescheibe (möglichst dem Gußstück zu entnehmen).

1 : 1

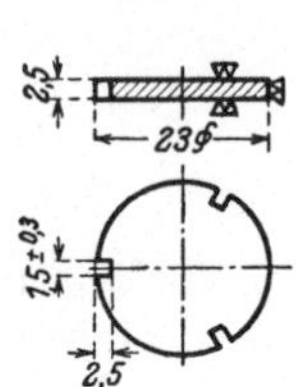

Gesamtanordnung
Probescheibe *P*, Matrize *m*, Kappe *K* und Druckstempel *D*.

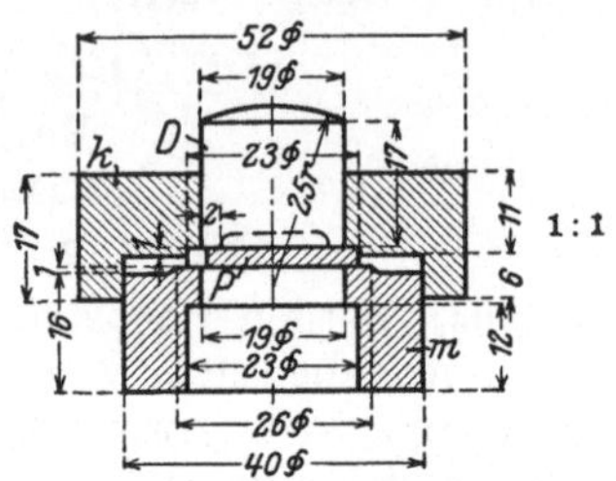

Durchführung der Probe unter beliebiger Presse mit Verwendung einer Meßdose.

Ergebnis: τ_{st} in kg/mm².

Nach Rudeloff Gieß. 1926, S. 597, Formel (18), (19), (20) erfolgt die Berechnung der übrigen Festigkeitszahlen auf Grund folgender Formeln:

Biegefestigkeit: $\sigma_B' = (\tau_{st} - 4)\ 1{,}85$
Zugfestigkeit: $\sigma_B = (\tau_{st} - 8)\ 1{,}10$
Druckfestigkeit: $\sigma_{-B} = (\tau_{st} - 4)\ 3{,}60$

5. Biegeprobe. Probestab: 600 mm Stützlänge, 650 mm Stablänge, 30 mm Durchmesser, getrennt stehend gegossen, sauber geformt, unbearbeitet.

Ergebnis: σ_B' in kg/mm² und Durchbiegung f in Millimeter.

Aus dem Biegestab können nach Bruch weitere Probekörper laut nachstehender Skizze entnommen werden:

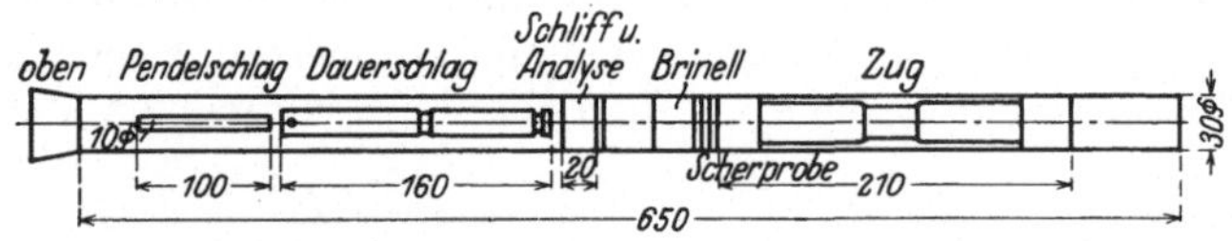

Begründung zu Merkblatt 1.

(Prüfung von Gußeisen.)

In diesem Merkblatt sind die Prüfmethoden verzeichnet, deren Anwendung angenommen wird, wenn nichts Besonderes zu dem Prüfungsergebnis gesagt ist. Es ist natürlich jedem unbenommen, auch mittels anderer Methoden zu prüfen, nur muß dann, wenn das Prüfergebnis im Verkehr mit der Studiengesellschaft oder nach außen hin verwendet wird, eine besondere Hinzufügung gemacht werden, die die Abweichungen von den im Merkblatt verzeichneten normalen Prüfmethoden angibt.

Sehr viel Wert ist darauf zu legen, daß die Bezeichnungen der Einheiten, z. B. σ_B für die Zugfestigkeit, wie sie in dem Merkblatt verwendet sind, genau nach der Vorschrift des Merkblattes benutzt werden. Sie stimmen mit den im DINormblatt 1350 vorgeschriebenen genau überein. Wenn auch die Aufnahme dieser Bezeichnungen anfangs etwas unbequem erscheinen sollte und vielleicht auch nur ungern von den vielfach üblichen Bezeichnungen K_z, K_b, y usw. abgegangen werden wird, so ist es doch unbedingt nötig, sich den DINormen anzupassen und sie streng zu befolgen.

Auch bezüglich der Ausführungen der Zeichnungen ist bei dem Merkblatt 1 den DINormen gefolgt worden, wie sie auch den weiteren Merkblättern zur Grundlage dienen werden. Für die Oberflächenzeichen und Bearbeitungsangaben sind DIN 140 und DIN 200 maßgebend.

Was nun die Auswahl der einzelnen Prüfmethoden betrifft, so konnte die allgemein übliche und durch die DINormen neuerdings festgelegte Zugprobe nicht fortgelassen werden. Zu dem Probestab sei bemerkt, daß die Deutsche Reichsbahn einen kürzeren Zugstab mit Gewinde einzuführen beabsichtigt, der jedoch vorläufig noch nicht in Betracht kommen kann.

Die Dauerschlagprobe ist gerade für Edelguß von solcher Wichtigkeit, daß sie als normal aufgenommen werden mußte. Als Bärgewicht wurde das meist verbreitete Gewicht von 3,18 kg bei 30 mm Fallhöhe angenommen, das Werte liefert, die Unterschiede in den Materialeigenschaften gut hervortreten lassen. Bei Prüfungen mit anderen Fallmomenten ist besonderer Vermerk zu machen.

Wenn auch zu erwarten ist, daß der ungekerbte Stab mit der Zeit den Sieg über den Kerbstab davontragen wird, so war es doch nicht angängig, diesen bereits jetzt fortzulassen, besonders da Zahlen zum Vergleich beider Stabarten fehlen. Es wurden daher beide aufgenommen. Zu beachten ist die Verschiedenheit der Benennung des Ergebnisses: n_e und n.

Die Brinellprobe wurde aufgenommen, trotzdem sie besonders bei gewöhnlichen Gußeisensorten sehr starke Streuungen zeigt. Bei edleren Gußeisensorten, die ja für die Mitglieder der Studiengesellschaft hauptsächlich in Betracht kommen, werden aber die Brinellwerte sicherer, so daß sie für diese als ein ungefähres Maß der Bearbeitbarkeit anzusehen sind. Die Zahlengrößen sowie die Bezeichnung H_n auf dem Merkblatt entsprechen dem „Regelversuch" von DIN 1605.

Neu hinzugekommen ist die Scherprobe nach Sipp-Rundeloff. Der Scherversuch ist nach der Veröffentlichung Rudeloffs in der „Gießerei" 1926, Heft 33/34 als sehr wertvoll und bequem anzusehen, besonders deshalb, weil die Probe leicht aus dem Stück selbst entnommen werden kann. In dieser Beziehung ist die Stanzprobe (Abb. 7 a. a. O.) der Lochscherprobe (Abb. 1 a. a. O.) überlegen, weshalb die erstere gewählt wurde. Die Umrechnungsformeln für die übrigen Festigkeiten sind nach der genannten Veröffentlichung angegeben[1].

Die Biegeprobe konnte nicht umgangen werden, weil auch auf sie in den DINormen Bezug genommen wird. Es kann jedoch kein Zweifel darüber bestehen, daß die Form des Biegestabes für den Guß sehr ungünstig ist und die Streuungen bei ganz gleich gegossenen Biegestäben manchmal sehr groß ausfallen.

Werden aus den gebrochenen Hälften des Biegestabes andere Proben genommen, so ist auch diesen gegenüber wegen des ungleichen Ausfalles der Biegestäbe selbst Vorsicht am Platze. Von der Wahl eines anderen Stabes als desjenigen von 650 mm Länge und 30 mm Durchmesser wurde abgesehen, da er allgemein eingeführt ist und jede andere Stabform Biegefestigkeiten ergeben würde, die mit den bei ihm erhaltenen nicht übereinstimmen.

[1] Es ist wichtig, die Bewährung der Scherprobe und der Umrechnungsformeln in der Praxis zu kontrollieren. Daher wird gebeten, Versuchserfahrungen und Ergebnisse mit Zahlenwerten der Geschäftsführung einzusenden zwecks Bearbeitung durch diese.

Merkblatt Nr. 2.

(April 1927.)

Güteklassen von Maschinenguß.

Nach DIN 1691

Güteklasse Bezeichnung		Mindestfestigkeit				Brinell-Mittelwert	Analyse nach Sipp					Benennung und Verwendung
kurz	nach DIN 1691	Zug- σ_B kg/mm²	Biege- σ'_B kg/mm²	f mm	Dauerschlag n_E	Brinellhärte H_n	C %	Si %	Mn %	P %	S max %	
12	*Ge* 12.91	12	24	6	2	—	3,5 bis 3,2 C+Si=5,6±0,3	2,1 bis 2,4	0,6±0,1	0,8 bis 1,10	0,12	Gewöhnl. Grauguß, Maschinenguß ohne besondere Vorschrift nach DIN 1691
14	*Ge* 14.91	14	28	7	3	150	3,5 bis 3,2 C+Si=5,3±0,3	1,8 bis 2,1	0,6±0,1	0,6 bis 0,8	0,12	Besserer Weichguß
18	*Ge* 18.91	18	34	10	15	170	3,4 bis 3,2 C+Si=4,9±0,2	1,5 bis 1,7	0,7±0,1	0,3 bis 0,5	0,10	Dampfzylinder mit kleinen Wandstärken
18a	*Ge* 18.91	18	34	10	15	170	3,4 bis 3,2 C+Si=4,6±0,2	1,2 bis 1,4	0,7±0,1	0,3 bis 0,5	0,10	Dampfzylinder mit großen Wandstärken oder Perlitguß
22	*Ge* 22.91	22	40	10	60	180	3,2 bis 3,0 C+Si=4,2±0,2	1,0 bis 1,2	0,8±0,1	0,2 bis 0,4	0,12	Perlitguß
26	*Ge* 26,91[1]	26	46	10	60	190	3,0 bis 2,8 C+Si=3,8±0,2	0,8 bis 1,0	0,9±0,1	0,2 bis 0,4	0,12	Perlitguß
26a	—	(28)	(50)	(12)	60	200	2,8 C+Si=3,4	0,6	1,0	0,2 bis 0,4	0,12	Perlitguß

[1] Mit *Ge* 26.91 beginnen die Sondergüten.

Begründung zu Merkblatt 2.

(Güteklassen von Gußeisen.)

Es wurde die Klasseneinteilung übernommen, die in dem neuerdings aufgestellten DINormblatt 1691 enthalten ist. Dazu wurden noch, als für den Perlitguß wichtig, zwei Klassen (18a und 26a) hinzugefügt. Die Angaben der linken Hälfte der Tabelle sind dem DINormblatt 1691 entnommen. Die für die Ergänzungsklasse 26a hinzutretenden Zahlen sind mit Klammern versehen.

Die rechte Hälfte enthält dann Angaben, die sich speziell auf den Perlitguß beziehen. Sie enthält insbesondere auch Analysen nach Angaben des Herrn Sipp.

Deutsche Reichspatente über Perlitguß.

I. D.R.P. Nr. 301913.

Ph. Aug. Diefenthäler in Heidelberg.

Verfahren zur Erzielung von Grauguß mit hoher Widerstandsfähigkeit gegen gleitende Beanspruchung.

(Patentiert im Deutschen Reiche vom 10. Mai 1916 ab.)

Mit der Verwendung des Gußeisens für Maschinenteile, welche starker Reibung ausgesetzt sind, wie Lagerschalen, Dampfzylinder, Gleitbacken, Kolben, Führungen u. dgl., hat man bislang widersprechende und häufig sehr schlechte Erfahrungen gemacht. Während sich derartige Gegenstände manchmal in jahrelangem Gebrauch aufs beste bewährten, nutzten sich andere Maschinenteile gleicher Art bald ab und führten durch Heißlaufen und Fressen häufig Schwierigkeiten im Betriebe herbei. Man hat versucht, diesen Übelständen dadurch zu begegnen, daß man das Gußeisen genau auf Grund analytischer Untersuchungen gattierte, ohne damit aber zum regelmäßigen Erfolg zu gelangen.

Der Erfinder hat demgegenüber festgestellt, daß es unbedingt notwendig ist, einen bestimmten Gefügezustand in derartigen Gegenständen herbeizuführen, um unter allen Umständen die beregten Übelstände auszuschalten.

Das Erstarrungsdiagramm des Gußeisens weist bekanntlich zwei Grenzzustände auf: auf der einen Seite neben Eisen den gebundenen Kohlenstoff und auf der anderen Seite neben Eisen den Kohlenstoff im Zustande des Graphits. Zwischen diesen beiden Grenzzuständen liegen die Übergänge der Zementit-, Perlit- und Ferritform. Der Erfinder hat nun erkannt, daß ein wohlausgebildetes, gleichmäßig verteiltes lamellares Perlitgefüge neben mäßiger Graphitaderung und unter Ausschluß von Ferrit dem Gusse außer hoher Festigkeit die größte Widerstandsfähigkeit gegen Abnutzung durch gleitende Beanspruchung verleiht. Die neue Erfindung besteht also darin, nach bestimmten Regeln der Eisenkohlenstoffkristallisationslehre die Güsse so zu gattieren und ihre Abkühlung so zu leiten, daß im fertigen Werkstück die lamellare Perlitform vorherrscht. Erreicht wird dieser Zweck nach den Ermittelungen des Erfinders vorteilhaft durch eine Gußeisengattierung von geringen Gehalten an C, Si, Mn, P und S; dabei spielt die von mancherlei Umständen, z. B. den Wandstärken des Gußstückes, abhängige Abkühlungsgeschwindigkeit eine entscheidende Rolle. Ja, dieselbe bildet das wesentliche Mittel zur sicheren Erreichung des angestrebten lamellaren Perlitgefüges unter Ausschluß von Ferrit, indem sie im Interesse einer guten Ausreifung dieses Gefügezustandes möglichst verlangsamt wird. Daraus ergibt sich die Lösung der Aufgabe dahin, daß zunächst empirisch für eine bestimmte Gattierung die zweckdienliche Wärmekurve ermittelt wird, nach der mit Sicherheit das angestrebte Perlitgefüge erreicht und sodann das fertige Gußstück, unabhängig von seinem Querschnitt, nach Maßgabe dieser Temperaturkurve zur Abkühlung gebracht wird. Dies kann z. B. vorteilhaft durch Anwendung eines Ofens mit leicht regulierbarer Temperaturhaltung geschehen, in den die Gußform nach dem Gusse gebracht und nun nach Maßgabe der empirisch ermittelten Abkühlungsgestaltung herabgekühlt wird.

Nach dieser technischen Regel gelingt es ohne weiteres, Grauguß zu erzielen, der von hoher Widerstandsfähigkeit gegen Gleitbeanspruchung ist.

Patent-Anspruch: Verfahren zur Erzielung von Grauguß mit hoher Widerstandsfähigkeit gegen gleitende Beanspruchung, dadurch gekennzeichnet, daß durch geeignete Gattierung und der Gattierung entsprechende Abkühlung dafür gesorgt wird, daß der Gefügezustand des fertigen Gußstückes unter Ausschluß von Ferrit vornehmlich durch lamellaren Perlit gekennzeichnet ist.

II. D.R.P. Nr. 325250.

Ph. Aug. Diefenthäler in Heidelberg.

Gußform zur Ausführung des Gießverfahrens zur Erzielung von Grauguß, dessen Gefügezustand vornehmlich durch lamellaren Perlit gekennzeichnet ist.

(Zusatz zum Patent 301913. Patentiert im Deutschen Reiche vom 16. Oktober 1918 ab.)

Die vorliegende Erfindung betrifft eine Gußform zur Ausführung des Gießverfahrens nach dem Patent 301913. Sie bezweckt, die beim Vergießen von Grauguß besonders in dünnen Querschnitten auftretende rasche Abkühlung zu vermeiden und diese so zu regeln, daß sie ohne Anwendung eines besonderen Ofens in der beim Hauptpatente beschriebenen Weise erfolgt. Die rasche Abschreckung hat ihre Ursache in der verhältnismäßig großen Masse der Form und des damit in Verbindung stehenden Gußkastens zur flüssigen Eisenmasse. Um diesen Mißstand zu beseitigen, wird eine Form angewandt, bei der die eigentliche mit dem flüssigen Eisen in Berührung kommende Wand aus Formmaterial von dünnem Querschnitt hergestellt wird. Diese Wand wird dann mit einer Isolierschicht, welche am einfachsten durch einen Hohlraum zu bilden ist, versehen, die das Abströmen der Wärme in das Formkastenmaterial verhindert. Man hat es nun in der Hand, durch eine höhere Gießtemperatur des flüssigen Eisens eine Vorwärmung der dünnen Formwand herbeizuführen, ehe die Erstarrung insetzt. Nimmt man z. B. an, daß die Formwand in ihrer Masse gleich derjenigen des in die Form einfließenden Eisens ist, so würde durch eine um 300° über der Erstarrungstemperatur liegende Gießtemperatur die Wirkung hervorgebracht, daß die Formwand auf 300° vorgewärmt würde, ehe die Er-

Abb. 1.

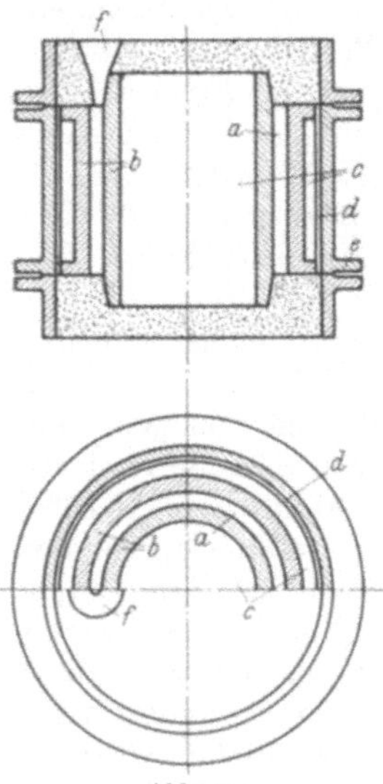

Abb. 2.

starrung vor sich geht. Damit hat man ein Mittel an der Hand, die gewünschte Regelung zu geben.

In den Abb. 1 und 2 der Zeichnung ist eine Ausführungsform einer solchen Einrichtung dargestellt. *a* ist der Formraum, *b* die aus Ölsand hergestellte Formwand, *c* der Isolierhohlraum, *d* eine den Übergang zur Formwand bildende Asbestschicht; *f* ist der Einguß.

Patent-Anspruch: Gußform zur Ausführung des Verfahrens nach Patent 301913, dadurch gekennzeichnet, daß die mit dem flüssigen Eisen in Berührung kommenden Formwände in dünnen Querschnitten hergestellt werden und von einem wärmeisolierenden Hohlraum oder einer ebensolchen Vollschicht umgeben sind, um eine die rasche Erstarrung verhindernde Vorwärmung der Formwände herbeizuführen, indem das Eisen mit entsprechend höherer Temperatur vergossen wird.

III. D.R.P. Nr. 417689.

Firma Heinrich Lanz in Mannheim[1].

Verfahren zur Herstellung von Grauguß.

(Patentiert im Deutschen Reiche vom 23. Januar 1923 ab).

Es ist bereits vorgeschlagen, dem Graugußeisen im fertigen Gußstück auf dem Wege über die Gattierung und der Gattierung entsprechende Abkühlung einen Gefügezustand zu erteilen, der unter Ausschluß von Ferrit vornehmlich durch lamellaren Perlit gekennzeichnet ist (vgl. Patent 301913).

Bei diesem bekannten Verfahren sind dem Gießereifachmann breite Bahnen zur Entwicklung des erstrebten Produktes gelassen, und das bekannte Verfahren beruhte im wesentlichen auf der Erkenntnis, daß das nach ihm hergestellte Eisen einen hohen Widerstand gegen gleitende Reibung aufweist.

Eingehende Forschungen haben zu der Erkenntnis geführt, daß das nach ganz bestimmten Regeln innerhalb dieses bekannten Verfahrens hergestellte Material auch im übrigen sehr hohe physikalische und mechanische Eigenschaften besitzt. Die Erfindung schafft fest gezogene Richtlinien zur Herstellung von Graugußteilen verschiedenen Querschnitts, welche sowohl bezüglich Biege- und Zugfestigkeit als auch Durchbiegung und vor allem bezüglich Stoßfestigkeit das bisher bekannte Gußeisen erheblich überragen, ohne in der Brinellhärte höher zu stehen als das bisher bekannte Gußeisen mittlerer Festigkeit. Selbstverständlich beeinflussen geringe Abweichungen das Ergebnis nicht wesentlich.

Wohl war man auch schon bisher in der Lage, Gußeisen von relativ hohen Festigkeitszahlen zu erzeugen, doch war hiermit stets das Zurückgehen der Zähigkeit und das Anwachsen der Brinellhärte verbunden.

Erfindungsgemäß wird nun eine Normalgattierung zugrunde gelegt, die in der Zeichnung in Abb. 1 als Kurve *1* eingetragen ist. Die

[1] Von dem Patentsucher ist als der Erfinder angegeben worden: Karl Sipp in Mannheim.

Summe der Komponenten C und Si ist konstant gleich 4%. In Abb. 2 ist die zugehörige Abkühlungskurve, d. h. die Kurve, nach welcher die Anwärmung der Form für verschiedene Querschnitte zu erfolgen hat, als Kurve *1a* eingetragen. Danach ist eine Vorwärmung für den 7-mm-Querschnitt auf 500°, für den 90-mm-Querschnitt auf 0° erforderlich. Bei größeren Querschnitten müßte theoretisch unter die 0-Linie gegangen werden, d. h. die Form vor dem Einguß gekühlt werden. Letzteres sowie die Erwärmung auf 500° und darüber bei kleinen Querschnitten bietet, wie ohne weiteres verständlich, betriebstechnische Schwierigkeiten. Für kleine Querschnitte wird deshalb der Einfluß der Gattierung gegenüber dem der Abkühlung erhöht, indem eine weichere Gattierung, $(C + Si) < 4\%$, gewählt wird, für größere Querschnitte wird eine härtere, $(C + Si) > 4\%$, als die Normalgattierung gewählt. Die äußerste Grenze für die weiche Gattierung ist nach dem bisherigen Stande der Durchführung $C + Si = 4{,}6\%$, worin C höchstens mit 3,5 und Si höchstens mit 1,2% zu setzen sind (Kurve *2*, Abb. 1), weil bekanntlich ein größerer Si-Gehalt die Strukturbeständigkeit bei höheren Betriebstemperaturen (Motorzylinder) beeinträchtigt, die äußerste Grenze für die harte Gattierung würde bei einem C-Gehalt von 2,2% liegen, doch hat sich in der Praxis gezeigt, daß die Gattierung von $C + Si = 3{,}4\%$ (Kurve *3*, Abb. 1) für alle gewöhnlich in Frage kommenden Querschnitte ausreicht.

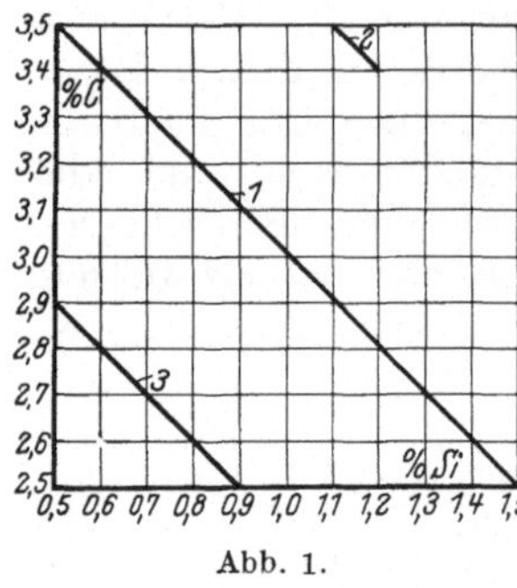

Abb. 1.

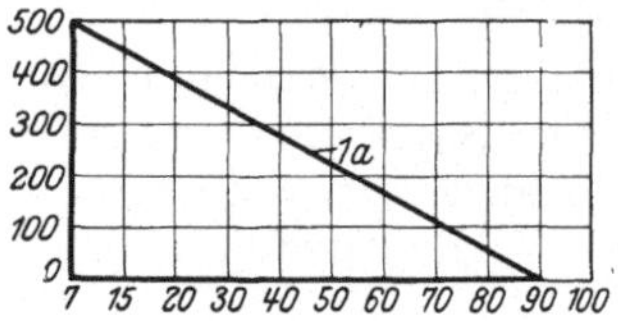

Abb. 2.

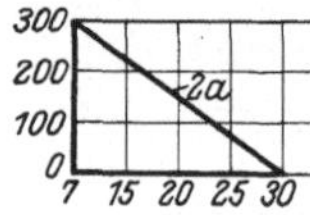

Abb. 3. 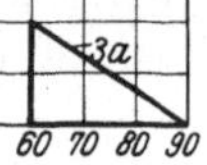 Abb. 4.

Mit diesen Gattierungen bzw. den zwischen den Endgattierungen und der Normalgattierung liegenden Gattierungen können nun die Vorwärmetemperaturen für kleine Querschnitte erniedrigt, für große Querschnitte erhöht werden, wie in den Kurven *2a* und *3a* (Abb. 3 und Abb. 4) dargestellt ist.

Nach diesen genauen Angaben ist jeder Fachmann sofort in der Lage, je nach den ihm zur Verfügung stehenden Gattierungen oder Anwärmemöglichkeiten, oder bei Gußstücken, die an sich verschiedene Querschnitte enthalten, auszumitteln.

Patent-Ansprüche: 1. Verfahren zur Herstellung von Grauguß großer Festigkeit bei mittlerer Brinellhärte (etwa 165 bis 175), dadurch gekennzeichnet, daß bei einem konstanten $C + Si$-Gehalt von etwa 4% die Gußformen vor dem Einguß nach dem Gesetz einer geraden Linie, die nach abnehmender Wandstärke des Gußstückes von 90 mm auf 7 mm von 0° auf 500° ansteigt, vorgewärmt werden.

2. Verfahren nach Anspruch 1, dadurch gekennzeichnet, daß für

die Herstellung kleiner Wandstärken eine weichere Gattierung [$(C + Si) < 4\%$, aber nicht 4,7%] und eine entsprechend geringere Vorwärmung der Form gewählt wird, während bei größeren Querschnitten eine härtere Gattierung als die Normalgattierung und eine größere Vorwärmung der Form gewählt wird.

Literaturübersicht.

Verzeichnis einiger Veröffentlichungen über Perlitguß und verwandte Gebiete.

1920

Sipp, K.: Perlitgußeisen. Stahleisen S. 1141.

1922

Bauer, O.: Das Perlitgußeisen, seine Herstellung usw. Mitt. Materialpr.-Amt Berlin-Dahlem H. 6.

1923

Bauer, O.: Das Perlitgußeisen, seine Herstellung usw. Stahleisen S. 553.
Sipp, K.: Perlitgußeisen. Stahleisen S. 1592.
— Perlitgußeisen. Gieß. S. 491.
Frei, H.: Herstellung von Grauguß im Elektroofen mit außerordentlich hoher Festigkeit und reinem Perlit-Graphitgefüge. Gieß. S. 284.
— Pearlitic cast iron and bases. Foundry Trade Journal Nr. 357, S. 492.
— Pearlitic cast iron criticism examined. Foundry Trade Journal Nr. 359, S. 1.
— More about pearlitic cast iron. Foundry Trade Journal Nr. 377, S. 186.
Sipp, K.: Pearlit cast iron. Foundry Nr. 24, S. 986.

1924

Emmel, K.: Perlitguß. Stahleisen S. 330.
Meyer, H. Th.:
Hammermann, A.:
Stotz, R.:
Emmel, K.: } Zuschriften zum Vorigen. Stahleisen S. 753ff.
Kühnel, R. u. E. Nesemann: Das Gefüge hochwertigen grauen Gußeisens. Stahleisen S. 1042.
Kühnel, R.: Die Beziehungen zwischen Zugfestigkeit, Biegefestigkeit und Härte. Gieß. S. 493.
Sipp, K.: Perlitguß. Gieß. S. 798.
Sipp, K.: Perlitgußeisen und seine Anwendungsmöglichkeiten. Gieß.-Zg. S. 379.
Steinmüller, L. & C.: Gußeiserne Rauchgas-Vorwärmer für niedrigen und hohen Druck. Z. V. D. I. S. 609.
Stierle, K.:
Hammermann, A.: } Zuschriften zum Vorigen. Z. V. D. I. S. 1088.
Pomp, A.: Perlitguß. Z. V. D. I. S. 1070.
Stotz, R.: Über die Herstellung und Anwendung von Qualitäts-, Grau- und Temperguß zu Sonderzwecken des Maschinenbaus. Industrieblatt Nr. 10, S. 181.
Füchsel, M.: Qualitative Entwicklungslinie der Eisenbahnbaustoffe. Glasers Annalen Nr. 1134, S. 123.
Marks, A.: Manufacture of pearlitic cast iron for high-temperature engines. Foundry Trade Journal Nr. 404, S. 406.

Hurst, E.: Notes on pearlitic cast iron. Foundry Trade Journal Nr. 426, S. 327.
— Discussion on Mr. Hurst's paper on pearlitic cast iron. Foundry Trade Journal Nr. 429, S. 400.
Marks, A.: High tensile cast iron. Foundry Trade Journal Nr. 436, S. 545.
Delport, V.: Notes properties of pearlitic iron. Foundry Nr. 22, S. 908.
Irresberger, C.: Pearlitic cast iron. Foundry Nr. 23, S. 941.
Marks, A.: Cast iron with tensile. Met. Ind. S. 577.

1925

Kühnel, R.: Der Aufbau hochwertigen grauen Gußeisens in seiner Beziehung zur chemischen Zusammensetzung und den mechanischen Eigenschaften. Stahleisen S. 1461.
Emmel, K.: Niedrig gekohltes Gußeisen als Kuppelofenerzeugnis. Stahleisen S. 1466.
Klingenstein, Th.: Ein neuer Ofen „Bauart Wüst" zur Veredelung von Qualitätsguß. Stahleisen S. 1476.
Piwowarsky, E.: Neuere Bestrebungen zur Hebung der Qualität von Grauguß. Gieß. S. 813 u. 833.
Kühnel, R.: Untersuchungen an hochwertigem Grauguß. Gieß. S. 857.
Diepschlag: Wege und Ziele der Graugußveredelung. Gieß.-Zg. S. 517.
Wüst u. Bardenheuer: Mitt. Kaiser Wilh. Inst. f. Eisenf. u. Gieß.-Zg. S. 454.
Honegger: Wachsen von Gußeisen bei hohen Temperaturen. B. B. C. Mitteilungen Nr. 10.
— Perlitguß. Metallbörse S. 2693, 2749 u. 2805.
Desch, C. H.: Improvements cast iron. Foundry Trade Journal Nr. 438, S. 23.
Werner, S.: On pearlitic iron. Fondry Trade Journal Nr. 441, S. 103.
M. N. S.: Pearlitic and Lanz iron. Foundry Trade Journal Nr. 442, S. 117.
Logan, A.: Structural composition of cast iron. Foundry Trade Journal Nr. 444, S. 155.
Frier, J. W.: Use of chills in marine engine castings. Foundry Trade Journal Nr. 449, S. 265.
Young, H. J.: Semi-steel. Foundry Trade Journal Nr. 452, S. 320.
Young, H. J.: Castings for Diesel engines. Foundry Trade Journal Nr. 454, S. 362.
Young, H. J.: Practice and purpose of Perlit iron. Foundry Trade Journal Nr. 460, S. 503; Nr. 463, S. 7; Nr. 465, S. 46; Nr. 470, S. 159.
Young, H. J.: Description of the pearlit process. Foundry Trade Journal Nr. 477, S. 294.
Richman, A. J.: Production of Diesel castings in pearlitic cast iron. Foundry Trade Journal Nr. 484, S. 449.
Richards, G. B.: Special irons. Foundry Trade Journal Nr. 487, S. 506.
— Verschiedene Mitteilungen über Perlitguß. Foundry Trade Journal Nr. 458, S. 447; Nr. 464, S. 26; Nr. 467, S. 92; Nr. 479, S. 354; Nr. 480, S. 377; Nr. 481, S. 380; Nr. 482, S. 402; Nr. 483, S. 422; Nr. 484, S. 441, 442, 459.
Young, H. J.: Practice and purpose of cast iron. Met. Ind. 3. VII., S. 10.
Werner, S.: Pearlitic cast iron. Met. Ind. 23. I., S. 89 u. 111.
Richman, A .J.: Diesel engine and perlit iron. Met. Ind. 13. XI., S. 463.
Varlet, J.: Fontes spéciales, März, S. 31.
Buffet, A.: Usine Nr. 20, S. 27.
Buffet, B. u. A. Roeder: La fonte perlitique. Bulletin de la Société Industr. de Mulhouse, November 1925.

1926

Zerzog: Der neuzeitige Gießereibetrieb. Gieß.-Zg. S. 185.
Piwowarsky, E.: Wachsen und Schwinden von Gußeisen und der hochwertige Grauguß. Gieß.-Zg. 1926, S. 371 u. 414.
Gilles, Ch.: Erzeugung von Gußeisen hoher Festigkeit. Gieß-Zg. S. 203; vgl. auch Stahleisen S. 877.

Bernardy, M.: Verfahren zur Erzielung hochwertiger Gußstücke im Werkzeug-Maschinenbau. Gieß.-Zg. S. 476.
Piwowarsky, E.: Fortschritte und Herstellung von hochwertigem Gußeisen.
Lehmann, P. H.: Abnutzung des Gußeisens bei gleitender Reibung. Gieß.-Zg. S. 597ff.
Lissner, A.: Alte Verfahren der Gußeisenveredelung in neuer Auflage. Gieß.-Zg. S. 678.
Klingenstein, Th.: Hochwertiger Grauguß und seine Herstellung. Gieß.-Zg. S. 680.
Kalpers, I.: Veredelung von Gußeisen. Dingl. Pol. J. Nr. 5, S. 45.
Meyersberg, G.: Perlitguß in der Wärmetechnik. V. D. I.-Nachr. Nr. 52, S. 11.
Becker, G.: Motorschlepper für Industrie und Landwirtschaft Z. V. D. I. S. 1209.
Desgl.: Motorschlepper für Industrie und Landwirtschaft. Berlin: M. Krayn.
Pinsl, H.: Hochwertiger Grauguß., Metallbörse S. 1870 u. 1999.
— Veredelung des Gußeisens. Werkzeugmasch. S. 380. Berlin: Hackebeil.
Hurst, E.: Verschiedenes über Perlitguß. Foundry Trade Journal Nr. 494, S. 95; Nr. 506, S. 333; Nr. 522, S. 152.
Young, H. J.: Perlit iron und Diskussion dazu. Foundry Trade Journal Nr. 495, S. 115; Nr. 499, S. 195.
Young, H. J.: Gray iron castings for special needs. Foundry Trade Journal Nr. 520, S. 117.
— The obligation of the ironfounders to the Diesel engine users. Foundry Trade Journal Nr. 552, S. 371.
Piedboeuf, L.: Results obtained in the improvement of the qualities of cast iron. Foundry Trade Journal Nr. 514, S. 496.
Smeeton, J. A.: Pearlitic cast iron. Foundry Trade Journal Nr. 515, S. 10.
Smith, A. E. Mac Rae: Note on the properties of perlit iron. Foundry Trade Journal Nr. 515, S. 13.
Adamson, E.: Pearlitic cast iron. Foundry Trade Journal Nr. 516, S. 24.
Raikes, D. T.: Pearlitic cast iron. Foundry Trade Journal Nr. 519, S. 86.
Gilles, Ch.: Production of high-strength cast iron. Foundry Trade Journal Nr. 518, S. 70.
Wardle, A.: Heated moulds and low Silicon iron. Foundry Trade Journal Nr. 522, S. 152.
Smalley, O.: Heat and scale resisting cast iron. Foundry Trade Journal Nr. 529, S. 303.
Francis, I. L.: Lanz Perlit and Thyssen Emmel iron. Met. Ind. Nr. 4, S. 85.
Kjerrman, B.: The influence of Si, Mn, P on Pearlit. Transact. of Am. Soc. Steel Treat. Nr. 3, S. 430—451.
Sisco, F. T.: Structure of steel and cast iron. Transact. Am. Soc. Steel Treat. S. 938—953.
Young, H. J.: Cast iron for special reeds. Mar. Engg. S. 307.
Plummer, H.: Pearlit cast iron etc. Western mach. S. 449.
le Thomas, A.: Etude sur la fonte perlitique. Fond. mod., Februar, S. 13—21.

1927

Roll, Fr.: Perlitguß und seine Anwendung im Kessel-Ekonomiserbau. Veröff. des Zentralverbands der preuß. Dampfkessel Überwachungsvereine Bd. III, S. 24.
Thum, A.: Werkstoffe im heutigen Dampfturbinenbau und Diskussion. Z. V. D. I. S. 758 u. 1134.
Meyersberg, G.: Entwicklung des Perlitgusses. Z. V. d. I. S. 1427.
Bardenheuer, P.: Der Graphit im grauen Gußeisen. Stahleisen S. 857.
Meyersberg, G.: Gußeisen im Automobil- und Flugzeugbau. Gieß. Okt.-Sonderheft zur Werkstofftagung.
Meyersberg, G.: Wachsen des Gußeisens. V. D. I.-Nachr. Nr. 26, S. 3.
Meyersberg, G.: Perlitguß für wärmetechnische Zwecke. Archiv f. Wärmewirtsch. u. Dampfkesselbau H. 11.
Bardenheuer, P.: Der Graphit im grauen Gußeisen. Stahleisen S. 857.
Sipp, K. u. Fr. Roll: Das Wachsen des Gußeisens. Gieß.-Zg. S. 229ff.

Roll, Fr.: Dichte von Grauguß und Lanz-Perlitguß. Gieß.-Zg. 1927. S. 576.
Hurst, E.: Semi-steel. Foundry Trade Journal Nr. 553, S. 231 u. 257.
Carpenter, H. C. H.: Services of Metallurgy to Engineering. Foundry Trade Journal Nr. 561, S. 417.
Donaldson: The influence of heat treatment on the growth of cast iron. Foundry Trade Journal S. 147 u. 167.
Allington, A. E.: Carbon and silicon in cast iron.. Foundry Trade Journal. S. 397.
Fletcher, J. E.: Strength of cast iron. Foundry Trade Journal Nr. 570, S. 69.
Robinson: Making chilled rolls. Foundry Trade Journal Nr. 572, S. 109.
Piwowarsky, E.: Progreß in the production of high duty cast iron. Foundry Trade Journal Nr. 574, S. 147.
— Verschiedene Mitteilungen über Perlitguß. Foundry Trade Journal Nr. 542; Nr. 566, S. 521; Nr. 572, S. 104.
Hurst, E.: Semi steel. Met Ind. S. 269 u. 295.

Druck von Oscar Brandstetter in Leipzig.

Das technische Eisen. Konstitution und Eigenschaften. Von Prof. Dr-Ing. **Paul Oberhoffer,** Aachen. Zweite, verbesserte und vermehrte Auflage. Mit 610 Abbildungen im Text und 20 Tabellen. X, 598 Seiten. 1925. Gebunden RM 31.50

Das Gußeisen. Seine Herstellung, Zusammensetzung, Eigenschaften und Verwendung. Von **Joh. Mehrtens.** Mit 15 Textfiguren. 66 Seiten. 1925. (Heft 19 der „Werkstattbücher“.) RM 1.80

Blöcke und Kokillen. Von **A. W.** und **H. Brearley.** Deutsche Bearbeitung von Dr.-Ing. **F. Rapatz.** Mit 64 Abbildungen. IV, 142 Seiten. 1926. Gebunden RM 13.50

Die Windführung beim Konverterfrischprozeß. Von Prof. Dr.-Ing. **Hayo Folkerts,** Aachen. Mit 58 Textabbildungen und 34 Tabellen. VI, 160 Seiten. 1924. RM 13.20; gebunden RM 14.10

Brearley-Schäfer, Die Einsatzhärtung von Eisen und Stahl. Berechtigte deutsche Bearbeitung der Schrift „The base Hardening of steel“ von **Harry Brearley,** Sheffield. Von Dr.-Ing. **Rudolf Schäfer.** Mit 124 Textabbildungen. VIII, 250 Seiten. 1926. Gebunden RM 19.50

Die Praxis des Eisenhüttenchemikers. Anleitung zur chemischen Untersuchung des Eisens und der Eisenerze. Von Prof. Dr. **Karl Krug,** Berlin. Zweite, vermehrte und verbesserte Auflage. Mit 29 Textabbildungen. VIII, 200 Seiten. RM 6.—; gebunden RM 7.—

Metallurgische Berechnungen. Praktische Anwendung thermochemischer Rechenweise für Zwecke der Feuerungskunde, der Metallurgie des Eisens und anderer Metalle. Von Prof. **Jos. W. Richards,** Lehigh-Universität. Autorisierte Übersetzung nach der zweiten Auflage von Prof. Dr. **B. Neumann,** Darmstadt und Dr.-Ing. **P. Brodal,** Christiania. XV, 599 Seiten. 1913. Manuldruck 1925. Gebunden RM 24.—

Moderne Metallkunde in Theorie und Praxis. Von Ober-Ing. **J. Czochralsky.** Mit 298 Textabbildungen. XIII, 292 Seiten. 1924. Gebunden RM 12.—

Selbstkostenberechnung in der Gießerei. Grundsätze, Grundlagen und Aufbau mit besonderer Berücksichtigung der Eisengießerei. Von **Ernst Brütsch.** Mit 6 Tabellen. VI, 70 Seiten. 1926. RM 4.80